国家级职业教育规划教材

人力资源和社会保障部职业能力建设司推荐

QUANGUO ZHONGDENG ZHIYE JISHU XUEXIAO JIANZHULEI ZHUANYE JIAOCAI

全国中等职业技术学校建筑类专业教材

建筑装饰美术

（第二版）

人力资源和社会保障部教材办公室组织编写

郭舒湲　主　编

杜振嘉　副主编

王大虎　主　审

中国劳动社会保障出版社

简 介

本教材共五章。主要内容包括素描的工具材料、透视、构图原理、结构素描、调子写生；速写的工具材料、速写技法；色彩表达的色彩原理、色彩心理表现、写生色彩观察方法、水粉画写生；平面构成的构成形式与规律、骨格与单元构建、建筑装饰材料与肌理应用；立体构成的立体空间形态、四个立体构成制作案例，以及两个现代建筑构成艺术应用实例。每章配有习题，帮助学生巩固所学内容。

本教材由郭舒湲任主编，杜振嘉任副主编，向素杰、程宝君、欧启凤、张天天、黎晓婷、陈少敏、吴仁光参加编写。王大虎、姜卫东审稿。

图书在版编目（CIP）数据

建筑装饰美术/郭舒湲主编. —2版. —北京：中国劳动社会保障出版社，2015
全国中等职业技术学校建筑类专业教材

ISBN 978-7-5167-1605-2

Ⅰ.①建… Ⅱ.①郭… Ⅲ.①建筑装饰-装饰美术-中等专业学校-教材
Ⅳ.①TU238

中国版本图书馆CIP数据核字（2015）第144568号

中国劳动社会保障出版社出版发行
（北京市惠新东街1号 邮政编码：100029）

*

三河市潮河印业有限公司印刷装订 新华书店经销
787毫米×1092毫米 16开本 10.75印张 168千字
2015年7月第2版 2023年8月第7次印刷
定价：30.00元

营销中心电话：400-606-6496
出版社网址：http://www.class.com.cn
http://jg.class.com.cn

出版说明

本套教材共计 27 种，分为“建筑施工”“建筑设备安装”和“建筑装饰”三个专业方向。教材的编审人员由教学经验丰富、实践能力强的一线骨干教师和来自企业的专家组成，在对当前建筑行业技能型人才需求及学校教学实际调研和分析的基础上，进一步完善了教材体系，更新了教材内容，调整了表现形式，丰富了配套资源。

教材体系 补充开发了《建筑装饰工程计量与计价》《建筑装饰材料》《建筑装饰设备安装》等教材；将《建筑施工工艺》与《建筑施工工艺操作技能手册》合并为《建筑施工工艺与技能训练》。调整后，教材体系更加合理和完善，更加贴近岗位与教学实际。

教材内容 根据建筑行业的发展和最新行业标准，更新了教材内容。按照目前行业通行做法，将“建筑预算与管理”的内容更新为“建筑工程计量与计价”；为重点培养学生快速表现技法能力，将“建筑装饰效果图表现技法”的内容更新为“室内设计手绘快速表现”；《室内效果图电脑制作（第二版）》，以 3DS MAX 10.0 版本作为教学软件载体；新材料、新设备在相关教材中也得到了体现。

表现形式 根据教学需要增加了大量来源于生产、生活实际的案例、实例、例题以及练习题，引导学生运用所学知识分析和解决实际问题；加强了图片、表格的运用，营造出更加直观的认知环境；设置了“想一想”“知识拓展”等栏目，引导学生自主学习。

配套资源 同步修订了配套习题册；补充开发了与教材配套的电子课件，可登录 www.class.com.cn 在相应的书目下载。

目　　录

第一章 素 描

学习目标

1.熟悉素描的工具和材料；
2.了解透视原理，能运用分析物件和风景的透视变化；
3.掌握构图规律，能分析表现写生的明暗规律；
4.掌握结构的几何规律，能表现物件的构造。

素描是一种单色画。本书介绍的素描专指用于学习美术技巧、探索造型规律、培养专业习惯的绘画训练。素描的过程就是观察美、发现美，发现具有审美价值的艺术因素。素描的学习要提高到艺术形式美的高度来观察对象——发现其中的形式美感、形的力度感、空间感、节奏感和秩序感，积极、主动地通过点、线、面、黑、白、灰等造型因素的运用，有效地表现对象，表现对物体感受（光影与黑白意识、明暗变化的节奏规律、立体观念与空间意识）。

第一节 工具材料

素描是人类历史上最早出现的绘画形式，也是最古老的艺术语言。15世纪的文艺复兴时期，人们才发现了其独特的表现魅力。在这一时期，意大利画家马萨丘、达·芬奇、米开朗基罗等人发明并运用了透视学、解剖学和构图学原理，为素描表现的立体感和空间感提供了科学依据，逐步完善了素描。素描是建筑美术的基础，同时由于素描所特有的黑白画面效果，其成为众多大师表达设计灵感的重要手段。

一、工具

不同的工具产生不同的画面效果，运用得当往往能产生意想不到的效果。目前，市场上有各种各样的素描材料和工具可供选择，如图1—1—1所示。

1. 铅笔

在铅笔素描中，通常要备齐铅笔(6B至2H）、橡皮（可塑橡皮和白橡皮两种）、炭笔、擦布（纸）以及纸张等工具。了解这些工具的性能，掌握使用它们的技巧，能提高作画效率，取得良好的画面效果。

铅笔从6B至2H的铅笔各有用途。软铅用作铺大调子时，能轻松、快捷地拉开亮暗部色调差别和营造画面色调氛围；它宜用于描绘深色及暗部，但由于它的笔灰附着力差，易弄脏画面。硬铅在处理画面肌理，勾勒变化丰富的线条以及表现亮调子的细微变化方面，能起到软铅难以企及的作用；但如果使用时用力过度，易损伤纸面，破坏画面效果。画素描时，单一地使用软铅，易将暗部画闷、画腻；单一地使用硬铅，深调子无法暗下去，重复遍数多了，又容易画腻及伤纸。两者结合起来使用，就可扬长避短，发挥各自的优点。使用时，通常以软铅铺调“打底”画深色，以硬铅深入，压肌理画浅色，遵循先软后硬的顺序，如果顺序颠倒，软铅就无法在硬铅画过多遍的地方深入。天阴雨时，纸张软，宜多用软铅画；天晴朗时，纸张硬挺，2B铅笔就能画出很深的调子。

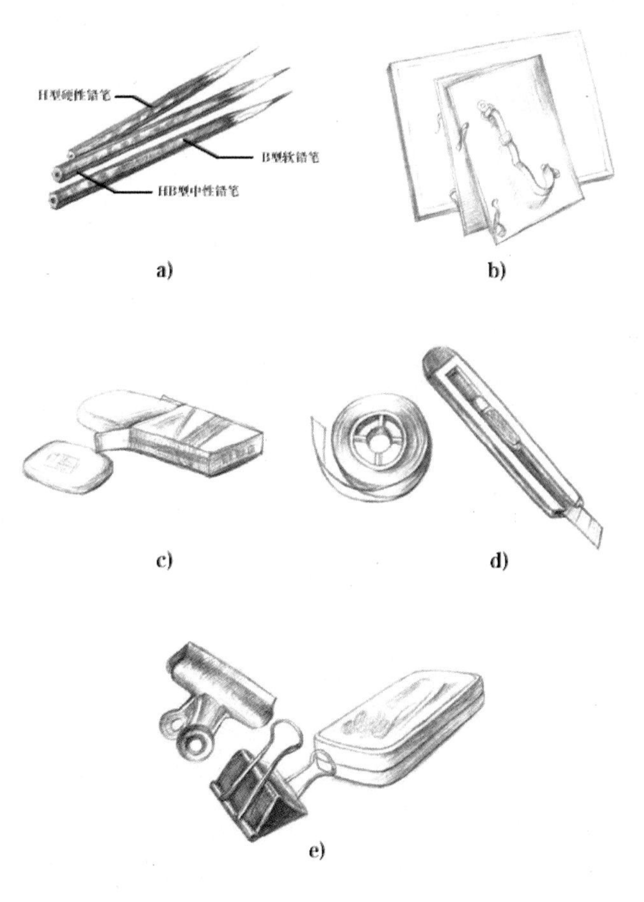

图1—1—1　部分素描工具
a) 铅笔　b) 画板　c) 橡皮　d) 胶布、美工刀　e) 夹子、文具盒

铅笔握法分横握和直握两种。横握：画轮廓或其他长线时采用横握，并且根据画线的长短调整笔的位置；直握：作一些精细刻画时，可像写字那样握笔。

2. 橡皮

常用的橡皮有白橡皮和可塑橡皮两种，主要起清除误笔的作用。白橡皮的清除

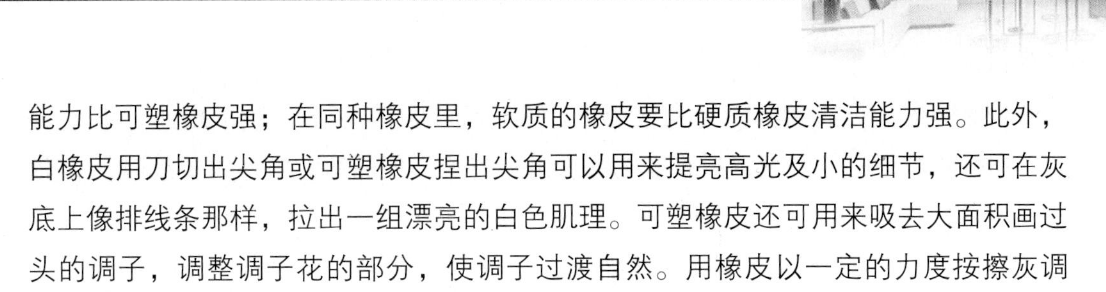

能力比可塑橡皮强；在同种橡皮里，软质的橡皮要比硬质橡皮清洁能力强。此外，白橡皮用刀切出尖角或可塑橡皮捏出尖角可以用来提亮高光及小的细节，还可在灰底上像排线条那样，拉出一组漂亮的白色肌理。可塑橡皮还可用来吸去大面积画过头的调子，调整调子花的部分，使调子过渡自然。用橡皮以一定的力度按擦灰调子，还可使局部的灰调子变深。

3. 布

质地要软、干燥。可用来掸淡过头的深调，用来揉擦深调，可以去腻，并使之丰富柔和；用来擦拭过硬、跳、乱的铅笔痕，可使之虚化柔和；如用来擦拭灰调，可以使灰调变深，运用得当还能产生丰富的效果。铺完大调子后，再用布擦一遍，能快捷地使色调变深、变丰富，拉开色调差，加快作画速度。有的作者喜欢以铅笔铺一遍调子，再用布擦一遍，两者反复交替进行，能快速地营造出画面效果。擦灰调时，通过控制擦的力度大小与时间长短来控制调子的变化。万一出现花的现象，可以用可塑橡皮和铅笔来调整；擦布蘸铅笔灰还可用来起大幅尺寸的画稿和铺大面积的深调子。

4. 炭笔

炭笔颜色深重、粗细自如，有较强的表现力，是素描的理想工具。但炭笔和铅笔在同一作品中最好不要混用，两者的光滑度和黑白对比很难达到和谐的效果。

5. 画板、画架、画夹

画板、画架多在画室内使用；画夹主要为外出写生准备，携带方便。素描时，需要按教学要求选择素描工具，将纸张平整地固定在画板上。

二、材料

素描可以使用的纸较多，纸面洁白，有一定克数（180克以上）均可使用。如素描纸、水彩纸、绘图纸等，国内常用的有铅画纸、卡纸和水彩画纸。铅画纸表面颗粒粗，纸质松，易上铅，宜于画短期作业。双面白卡纸表面颗粒细微，较光滑，能显示丰富的色调变化，加上纸质密实硬挺，经得起反复修改、刻画，适合用来画中、长期作业。水彩画纸表面有网状纹路，适合用来制作一些特殊的画面效果。

课堂练习时，通常要求学生使用180克以上的素描纸，经济实用。建筑师们通常喜欢使用一些克数较高、表面纹理特别的纸来表现建筑效果图。

1.哑粉纸。正式名称为无光铜版纸，在日光下观察，与铜版纸相比，不太反光。用哑粉纸印刷的图案，虽没有铜版纸色彩鲜艳，但图案比铜版纸更细腻、更高档。

2.牛皮纸。用作包装材料，强度很高，通常呈黄褐色。半漂或全漂的牛皮纸浆呈淡褐色、奶油色或白色。

3.拷贝纸。一种生产难度相当高的高级文化工业用纸，该产品的技术特性主要为：具有较高的物理强度，优良的均匀度及透明度，有良好的表面性质，细腻、平整、光滑、无泡泡沙，具有良好的适印性。

4.道林纸。正名应为“胶版印刷纸”或“胶版纸”,是专供胶版印刷的用纸,也适用于凸版印刷。适于印制单色或多色的书刊封面、正文、插页、画报、地图、宣传。

5.白卡纸。完全用漂白化学制浆制造并充分施胶的单层或多层结合的纸，适于印刷和产品的包装，一般定量在150克/平方米以上。这种卡纸的特征是：平滑度高、挺度好、整洁的外观和良好的匀度。

6.铜版纸。又称涂布印刷纸，在香港等地区称为粉纸。它是以原纸涂布白色涂料制成的高级印刷纸。

第二节　透　　视

透视是一种视觉现象，这种视觉现象是随着人的视点移动而产生变化，即这种变化与视点的位置和距离是分不开的。在现实生活中，当人们边走边看景物时，景物的形状会随着脚步的移动在视网膜上不断发生变化，因此对某个物体很难说出它固定的形状。观者只有停住脚步，眼睛固定朝一个方向看去时，才能描述某个景物在特定位置的准确形状。再者，随着景物与我们远近距离不同，所看到的景物形状也不一样。通常在距离的前提下，空间越深，透视越大。同样大小的物体，也会因视点与物体远近距离的不同而产生大小变化。这就是通常所讲的近大远小透视变化规律。

一、透视规律

透视学中有些基本的、共有的视觉规律，它是写实绘画和设计制图中都必须掌握的。

1. 近大远小

物体离视点（眼睛）越近则越大，越远则越小。古人所说的“一叶障目，不见泰山”即是如此。

2. 垂直大，平行小

等大的平面或等长的线段与视线成垂直放置时，比与视线成水平放置时要略大，这是由人眼的结构决定的。这一视觉规律很少为人所知，但又确实存在，应该引起画家和设计师的注意，自觉运用这一知识。

3. 近实远虚

物体离视点近，在视网膜上所成的影像就要大些，受到光的刺激的感光细胞面积大，数量也多，自然要清晰些。同时，物体的明暗、表面光洁对物象的清晰与否也有一定的影响。画家和设计师们要仔细研究，利用物象的清晰与模糊对比，和其他透视规律配合，来塑造画面的远近空间感。

二、透视方法

透视的变化主要由视平线、视角决定，例如，正对物件时，产生一点透视，如图1—2—1所示；视线与物件产生一定的角度时，产生二点透视，如图1—2—2所示；在二点透视的同时再有仰视或俯视时就产生三点透视，如图1—2—3所示。

1. 一点透视

正六面体的六个面不是与画面平行，就是与地面平行，若一组边线与画面平行，即属于平行透视。

平行透视也称“一点透视”，就是说所有与画面垂直的边线都要消失为一点即灭点。因此，空间中的所有物体便依照这个点来进行变化，如图1—2—4所示。

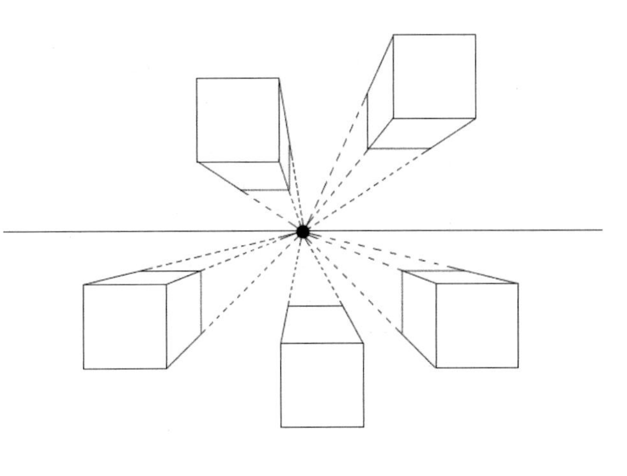

图1—2—1　一点透视

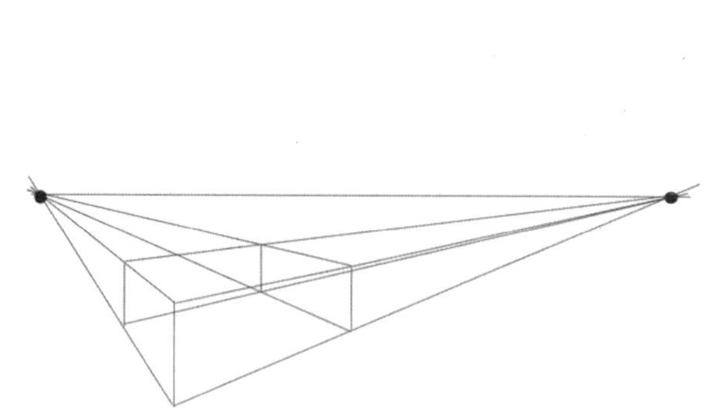

图1—2—2　二点透视

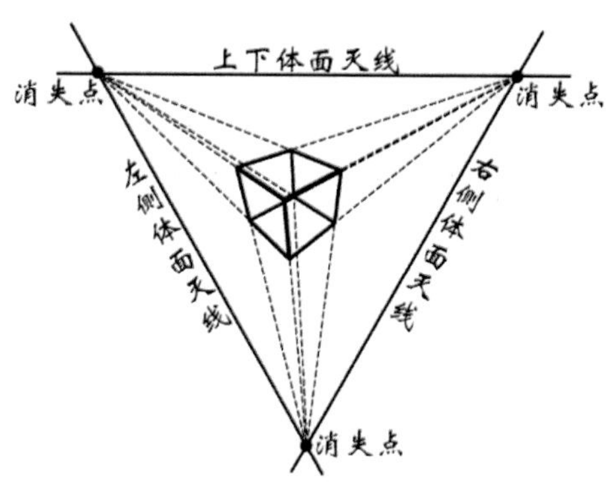

图1—2—3　三点透视

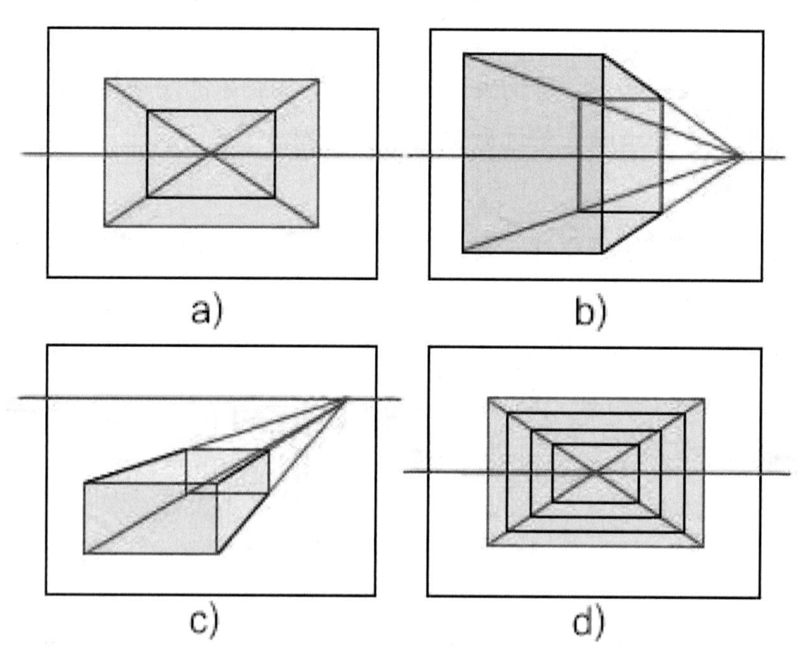

图1—2—4　透视

图1—2—4a灭点在物体的内侧，只能观察到一个面。

图1—2—4b灭点在物体的外侧，可以观察到物体的两个面。

图1—2—4c灭点在物体的上角，可以观察到物体的三个面。

图1—2—4d灭点虽然也在物体的内侧，但物体的正面为空，观察到的是物体的内部结构，通过层层的深远，可以观察到更多的面，这也是最常用到的透视技法。

平行透视具有较强的客观性，平行透视是一个面与画面平行的透视关系，物体

是与画面平行放置的，因此它在空间中的变形也就减小到最低程度。

平行透视画法，在写生和创作实践中，对表现作品的主题起着非常重要的作用：

（1）有一组水平的原线，能使画面产生一种平衡稳定之感。

（2）有一组直角变化，都向视域中心集中，同时也引导着观察者的视线向中心集中。

（3）有一个灭点，形成了一个视觉中心，能较突出地表现主题形象。

达•芬奇创作的《最后的晚餐》是典型的平行透视，任何形状的物体，只要有一面与画面成平行的方向，就可以定义它为平行透视。例如，建筑物、桌椅家具、汽车轮船，都可以归纳在一个或数个立方体中，无论这个物体有多复杂。这种透视的技法特点是：与平面平行的这个面，形状在透视中只有近大远小的比例变化，不产生透视上的变形变化，如图1—2—5所示。

图1—2—5　《最后的晚餐》（达•芬奇 作）

2. 二点透视

二点透视也称为成角透视，就是景物纵深与视中线成一定角度的透视，凡是与画面既不平行又不垂直的水平直线，都消失于视平线上的一点，叫余点。余点在视平线上，景物的纵深因为与视中线不平行而向主点两侧的余点消失。凡是平行的直线都消失于同一个余点，例如，楼房的每层分界线都消失于同一个余点。所以，对于立方体景物，在成角透视中都有两个余点，这两个余点在主点两侧。

成角透视就是把立方体画到画面上，立方体的四个面相对于画面倾斜成一定角度时，往纵深平行的直线产生了两个消失点。在这平行情况下，与上下两个水平面相垂直的平行线也产生了长度的缩小，但是不带有消失点。平行透视是景物纵深与视中线平行而向主点消失，成角透视则是景物纵深与视中线成一定角度的透视，景物的纵深因为与视中线不平行而向主点两侧的余点消失。成角透视的变化，概括起来有两点：

图1—2—6 《血衣》（王式廓 作）

图1—2—7 《开国大典》（董希文 作）

（1）灭点偏离心点。与平行透视的中心点消失平衡不同，它是一种左右两点的消失平衡。

（2）成角变化呈现一定的倾斜度，感觉比平行透视的画面效果活泼新颖。例如，王式廓的《血衣》（见图1—2—6）、董希文的《开国大典》（见图1—2—7）都充分体现了这一效果。透视和光影的处理都没有严格地按西方写实绘画中的素描要求，在画面的右侧部位减去一根柱子，是为了适应并强化画面主题和总体的需要，同时也适于中国广大读者的审美情趣。因此，这些作品具有较强的装饰性、抒情性。透视上画面的正阳门城楼坐落在画面上垂直的子午线上，这和天

安门城楼的方位稍有偏差。董希文曾经说过，他把正阳门城楼画成正南北方向，也是为了使广场开阔。所以，在素描写生中对透视的掌握程度直接关系到整个画面的效果。

3. 三点透视

三点透视也叫散点透视或移动视点，它的基本含义是：移动视点，打破一个视域的界限，采取漫视的方法和多视域的组合，将景物自然地、有机地组织到一个画面里。散点透视法，可以比较充分地表现空间跨度比较大的景物的方方面面，这是传统中国画的一个很大的优点。

观察点不是固定在一个地方，而是根据需要，移动着立足点进行观察，凡各个不同立足点上所看到的东西都可组织进自己的画面上来。

三点透视的构成，是在二点透视的基础上多加一个消失点。此第三个消失点可作为高度空间的透视表达，而消失点正在水平线之上或下。如第三个消失点在水平线之上，正好象征物体往高空伸展，观者仰头看着物体。如第三个消失点在水平线之下，则可采用作为表达物体往地心延伸，观者是垂头观看着物体。

第三节　构 图 原 理

构图是造型艺术的专用名词，它是指画家在有限的空间或平面里，对自己所要表现的形象进行组织，形成整个空间或平面的特定结构。绘画构图法以表现主题思想和研究画面结构的形式美为自己的目的。

绘画属于视觉艺术，作者在表现上应该关心自己画面中的视觉效果，即构图在视觉上对观众可能产生的作用，它与构思有密切的联系。按照构思的要求，恰当的构图形式可以通过视觉作用的强弱对比，对观众的第一眼产生支配作用，明确画面的中心，引导视觉的顺序，使观众基本上按作者构思的线索去浏览画面，这使得构图在绘画中具有特殊功能和特殊地位。

构图的名称来源于西方美术，构图这个概念在国画画论中称为布局或经营位置。 研究构图的目的是研究在一个平面上处理好三维空间——高、宽、深之间的关系，以突出主题，增强艺术的感染力。构图处理是否得当，是否新颖，是否简洁，对艺术作品的成败关系很大。

常见的构图形式有S形、三角形和长方形。S形优雅有变化，疏密有序，散聚中体现画面的均衡，如图1—3—1所示；三角形或正三角较空，锐角刺激，大体如汉字“品”，是初学者比较喜欢采用的，容易到达较好的效果，如图1—3—2所示。长方形的人工化有较强和谐感，如图1—3—3所示。

构图的基本要素讲究的是均衡与对称、对比和视点。

图1—3—1　S形构图

图1—3—2　三角形构图

图1—3—3　长方形构图

一、均衡与对称

均衡与对称是构图常用的规则。对称的构图存在着中轴线，沿着中轴线左右相同。均衡找不到中轴线，但也能在视觉上感到稳定。均衡与对称主要作用是使画面具有稳定性。稳定感是人类在长期观察自然中形成的一种视觉习惯和审美观念。因此，凡符合这种审美观念的造型艺术才能产生美感；违背这个原则的，看起来就不舒服。

均衡与对称都不是平均，它是一种合乎逻辑的比例关系。平均虽是稳定的，但缺少变化，没有变化就没有美感，所以构图最忌讳的就是平均分配画面。对称的稳定感特别强，对称能使画面有庄严、肃穆、和谐的感觉。比如，我国古代的建筑就是对称的典范，但对称与均衡比较而言，均衡的变化比对称要大得多。因此，对称虽是构图的重要原则，但在实际运用中机会比较少，运用多了就有千篇一律的感觉。图1—3—4所示为均衡与对称。

图1—3—4　均衡与对称

均衡的构图常可采用品字形构图和三七律构图的方式，被人们称三角构图法。“品”字形构图是在画面上同时出现三个物体的时候，不能把它们等距离放在一条线上，而应使其呈现三角形状，像个品字。只要留意，这种三角在自然界中是无处不在的。大山就是由无数的三角形构成的，上下交错，井然有序，犹如一个巨大的品字状或三角形，具有强烈的排列韵味。图1—3—5所示为三角构图。

图1—3—5　三角构图

“三七律”构图就是画面的比例分配三七开。若是竖画面，上面占三分，下面占七分，或上面占七分，下面占三分；若是横构图画面，右面占三分，左面占七分，或是右面占七分，左面占三分。在中国画界中，这种三七开构图的布局被称为是最佳的构图布局比例关系。所谓最佳，并不是唯一，在特殊情况下，根据题材的需要，也是可以打破的，例如二八律或四六律也可以使用。

二、对比

对比的巧妙，不仅能增强艺术感染力，更能鲜明反映和升华主题。对比构图，是为了突出主题、强化主题，对比主要可以分为以下三大类：

1. 形状的对比

如：大和小，高和矮，老和少，胖和瘦，粗和细。

2. 色彩的对比

如：深与浅，冷与暖，明与暗，黑与白。

3. 灰与灰的对比

如：深与浅，明与暗等。

图1—3—6 静物组合素描

在一幅作品中，可以运用单一的对比，也可同时运用各种对比。对比的方法是比较容易掌握的，但要注意不能生搬硬套，牵强附会，更不能喧宾夺主，如图1—3—6所示。

三、视点

视点构图是为了将观众的注意力吸引到画面的中心点上。视点是透视学上的名称，也叫灭点。要把视点说清楚，还得从视平线、地平线、水平线这三条线上说起。视平线就是与眼睛平行的一条线，我们站在任何一个地方向远方望去，在天地相结或水天相连的地方有一条明显的线，这条线正好与眼睛平行，这就是视平线。这条线随眼睛的高低而变化，人站得高，这条线随着升高，看得就越远，欲穷千里目，更上一层楼就是这个道理。反之，人站得低，视平线也就低，看到的地方也就近了、小了。 按照透视学的原理，在视

平线以上的物体，如高山、建筑等，近高远低，近大远小；在视平线以下的物体，如大地、海洋、道路等，近低远高，近宽远窄，向上伸延左右两侧的物体。这样，以人的眼睛所视方向为轴心，上下左右向着一个方向伸延，最后聚集在一起，集中到一点，消失在视平线上，这就是视点的由来。图1—3—7所示为灭点示意图。

图1—3—7　灭点示意图

第四节　结 构 素 描

结构素描，又称“形体素描”。这种素描的特点是以线条为主要表现手段，不施明暗，没有光影变化，而强调突出物象的结构特征。以理解和表达物体自身的结构本质为目的，结构素描的观察常和测量与推理结合起来，透视原理的运用自始至终贯穿在观察的过程中，而不仅仅注重于直观的方式。这种表现方法相对比较理性，可以忽视对象的光影、质感、体量和明暗等外在因素，如图1—4—1所示。

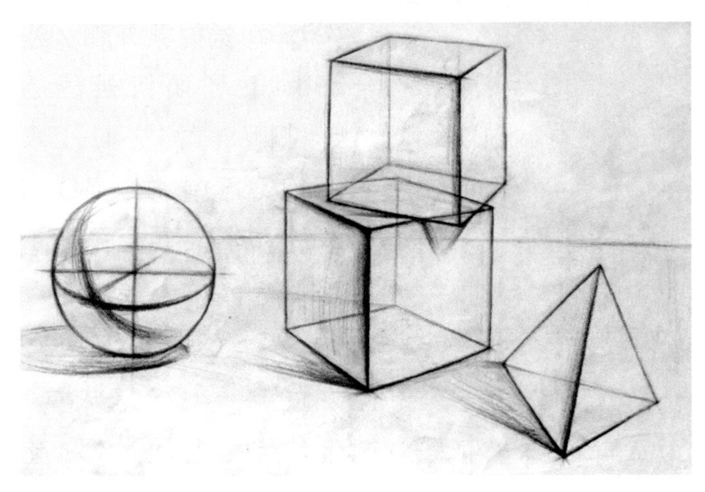

图1—4—1　结构素描

由于结构素描是以理解、剖析结构为最终目的，因此简洁、明了的线条是它通常采用的主要表现手段。结构素描画面上的空间实际上是对三维空间意识的理解，所以结构素描要求画者具备很强的三维空间的想象能力。而关于三维空间的想象和把握，在很大程度上取决于思维的推理。结构

素描要求把客观对象想象成透明体，把物体自身的前与后、外与里的结构表达出来，这实际上就是在训练对三维空间的想象力和把握能力。在形象的细节表现方面，结构素描所要表现的是对象的结构关系，要说明形体是什么构成形态，它的局部或部件是通过什么方式组合成一个整体的，为了在画面上说明这个基本问题，就要排除某些细节的表现。结构素描关心的是对象最本质的特征，这些本质特征要从具体的现实的形体中提炼和概括出来。

结构素描是培养造型能力和设计思维能力的基础，学习结构素描关键在于理解对象的结构，画准对象的造型。

研究结构素描不是目的，只是一种手段，结构素描不是将物象都画成几何形的堆砌，通过结构分析更清楚理解对象，做到心中有数，以便更好地去表现对象。作为学设计的人，重要的还是表现物体、理解物体，而对结构形体的理解与表现，可以帮助人们完美地完成设计构思。

图1—4—2　结构素描

结构素描以线为主，准确、有力、优美的线条，可以让画面充满生命力，丰富人们的视觉效果，那么线条是如何处理的呢？图1—4—2表现了结构素描线的特征，重点不在于光影变化，而是表现构造特征。

结构素描的要领主要有形体归纳、找关键点、线条穿插、线条表现四个方面。

一、形体归纳

大多数的几何体和静物较为简单，其外轮廓大多以长直线为主。抓住物体的整体感觉，再用长直线去体现物体的长宽比例、大小比例和前后关系等，使画面整体，如图1—4—3所示。

二、找关键点

图1—4—3　贯穿体结构素描

通常叫作“抓两头、带中间”，因为点一般都处在始端与末端，点如果找得准确，形体也就抓住了。点包含的因素是：形体转折开始的地方与形体转折结束的地方，如球体当中，有无数个转折，也有无数个点，那么如何找到点呢？只能根据物体最高的转折点与最低的转折点来找，这样画球体就简单了。如果能准确理解点的位置，再复杂的物体也会变得简单。

三、线条穿插

在基本点找到之后，便是用线条连接各点，使形体明确起来，我们所说的线条不是死板的线条。而是相互穿插，有出来的地方，也有回去的地方。也就是常说的“来龙去脉”，线条的穿插，必须符合其形体结构的规律，否则就容易产生该后面去的翻到前面来了，该前面去的却翻到后面去了。形成这种透视关系的原因，不是因为前面的没强调，后面的没虚，而是线条穿插不对，所以要分清线条的前后关系、虚实关系和空间关系，如图1—4—4所示。

图1—4—4　结构素描①

四、线条表现

线条是结构素描中最主要的艺术语言和表达方式，无论在塑造形体、表现体积和空间方面，还是表达情感方面，都显得十分明确。富有表现力和概括力。在开始学习时，首先要加强线条的熟练程度，要做大量的线条练习。提高线条质量，就是要达到熟能生巧，“巧”线条才有质量。线条要有力、轻松自如、有松有紧，有虚有实、有粗有细、有深有浅，随着形体的变化而变化。做到变化中整体，整体中变化。这样的线条才富有生命力和动感，如图1—4—5所示。

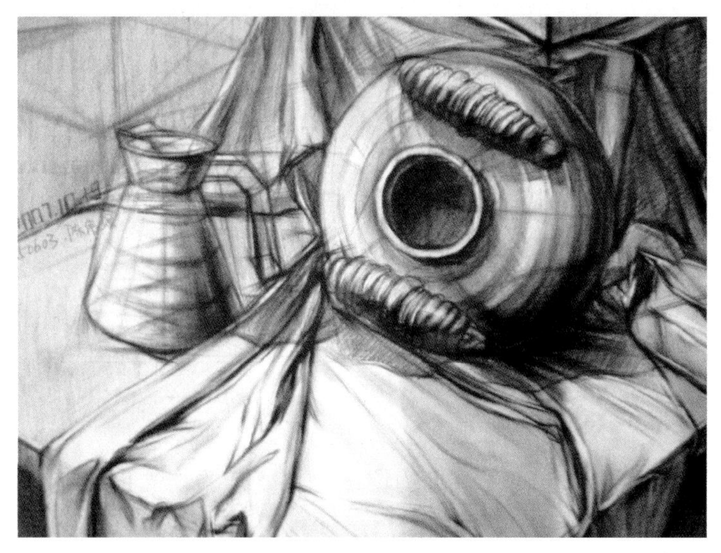

图1—4—5　结构素描②

第五节　调　子　写　生

光照射在物体上的明暗关系及其变化，可以用两大部、三大面、五大调子来概括。

1. 两大部

包括物体的受光面和背光面。

2. 三大面

立方体是一切形体的基本，掌握立方体的明暗造型规律，是学习明暗造型素描最重要的前提。方形物体的体面转折明显，不论处在什么角度，只要能看到三个面时，由于三个面受光角度不同，必然会产生明暗深浅变化。直接受光的面最亮，称为白（亮面）；受侧射光照射的面为中暗色，称为灰面；光线照射不到的面最暗，一般称为暗面。这就是通常说的黑、白、灰三大面，如图1—5—1所示。

3. 五大调子

图1—5—1 三大面示意图

圆球体、圆柱体、圆锥体在光照下，从受光到背光明暗变化非常丰富，明暗调子比较微妙复杂，因此，可以归纳为五个基本调子；亮面、灰面、明暗交界线、反光、投影。

亮面指光线最强的物面；灰面指光照较强的物面；明暗交界线指明暗转折的物面；反光指暗部受环境影响，受反射的物面；投影指光线被物体遮挡后投下的阴影，如图1—5—2所示。

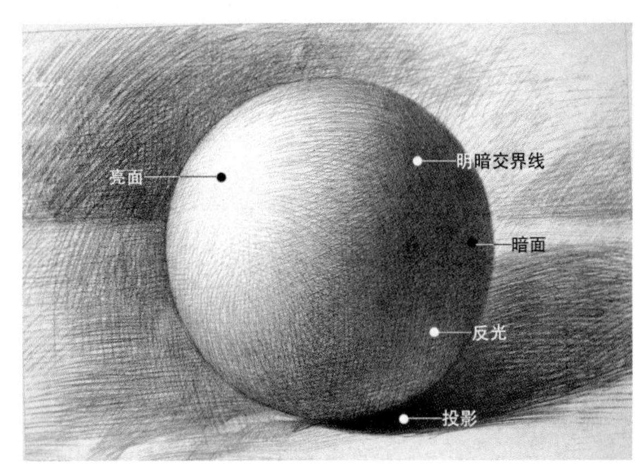

图1—5—2 五大调子示意图

一、明暗素描

明暗素描是以明暗调子为手段，着重表现光影、空间、质感、明暗与虚实等关系的素描。

尽管素描的表现技法多种多样，但其造型的基本手段可归纳为两种：就是线条与明暗。在实际作画时，可以完全用线描或完全用明暗调子来表现对象。我国传统绘画中的白描、双勾等以线条为造型，有着悠久的历史。在西方，如法国19世纪古典主义大师安格尔就是用极其准确而简练的线条，以优美的韵律，丰富而真实地表现了不同的人物形象的。而用明暗调子生动而有力地揭示了对象内在美的巨匠亦不乏其人，俄罗斯的洛森科、伊凡诺夫、苏里科夫，瑞典的佐恩，法国的普吕东等，都是杰出的代表。而把线条与明暗两者结合作画，亦为众多艺术家所运用，我国当代著名画家徐悲鸿的素描，就是融合了中外画法之长处，将洗练的线条与丰富的明暗层次结合起来而达到高度的造诣。运用线条能充分地抒发作者的激情，可生动有力地表现对象，此法多为中国画等专业的素描所采用。明暗素描适宜于立体地表现光线照射下物

图1—5—3 明暗素描（威廉·阿道夫·布格罗 作）

体的形体结构及物体各种不同的质感、色度与空间距离感等，使画面更具真实性。因此，明暗素描对明暗调子和明暗处理手法的研究，作为壁画、水彩画、水粉画、色彩画，甚至版画等造型的基础训练，是十分重要的，如图1—5—3所示。

明暗现象的产生，是物体受到光线照射的结果，是客观存在的物理现象，光线不能改变物体的形体结构。表现一个物体的明暗调子，正确处理其色调关系，首先就要对对象的形体结构要有正确的、深刻的理解和认识。因为物体的形体、结构的透视变化，物体表面各个面的朝向不同，所以光的反射量也就不一样，因而就形成了色调。所以，必须抓住形成物体体积的基本面的形状，即物体受光后出现受光部和背光部两大部分，再加上中间层次的灰色，也就是前面说的“三大面”，如图1—5—4所示。

由于物体结构的各种起伏变化，明暗层次的变化便错综复杂，但这种变化具有一定的规律性，将其归纳，可称为“五大明暗层次”。这是物体受光之后，在每一个明显的起伏上所产生的最基本明暗层次。而任何明显的起伏在受光之后所产生的明暗变化不能少于五个基本层次。这是指物体起伏本身而言，即指亮面、中间色、明暗交接

图1—5—4 风景素描（门采尔 作）①

线、暗面、反光；高光包括于亮面内，五大明暗层次不包括投在别处的投影，如图1—5—5所示。

图1—5—5　风景素描（门采尔 作）②

二、调子变化

明暗是指物体受光后产生的受光部分（明部）和背光部分（暗部），调子是指物体受光后反映出的不同明暗、深浅的层次。五大明暗层次即素描写生中的五调子如下：

1. 高光

高光不是每种情况下都有的，故不能算是基本明暗层次，它属于亮面范畴。高光在物体上往往只是一两点，或是一条线，也可能是一个面，高光的产生是由于物体的一个面与光源成垂立的缘故，所以高光与物体的质感关系很大，应该慎重地处理高光。高光本身有具体的形状，这与物体的形体及光源的形状有关，高光亦交代了周围面的转折关系，故与物体的体积感也有关。

2. 明暗交接线

应在打轮廓时就开始抓紧它。作画首先要狠狠抓住明暗交接线的位置和形状，把物体明暗两大面区别开来，这有助于对复杂的明暗变化进行整体的处理，使画面调子得到统一。明暗交接线是物体受光部和背光部相互交接的地方，它实际就是轮廓线。称它为“线”，其实是明暗层次变化的大小不同的各种各样的面。一般来

说，明暗交接线不受光源的照射，又受不到反射光的影响。所以这部分受光最少，比较起来在五大明暗层次中是最暗的。

3. 反光

对物体的空间、环境、质感都有很大的作用。反光画不好暗面就不透明，这样暗部的结构转折关系也就表现不出来，影响了物体暗部的体积与空间。物体的暗部因受到环境及周围受光物体的影响，就产生了反光。在一般情况下反光的亮度是不会超过受光部的。

4. 中间色

即灰色，这是物体受到光线侧射的地方，同时亦受环境色的侧反射影响，加上物体的结构(特别是人物的造型结构)的复杂变化，中间色的层次变化显得微妙、复杂和丰富。这些灰色在物体上有两个，一个在亮面与明暗交接线之间，另一个在暗部里。中间色是比较难画的，如果处理不当、画不出它的微妙变化，画面最容易出现灰与脏的毛病。

图1—5—6　风景素描（门采尔 作）③

5. 投影

投影应包括在暗部里面，它与明暗交接线有密切的关系。投影是从明暗交接线开始的；在光线的照射下，物体的影子投射到另外物体的面上就产生了投影。投影对表现对象暗部结构起重要作用，与空间也有很大的关系。画投影要注意它的透视变化和明暗变化，投影越接近本物体，它的颜色就越重，边缘轮廓就越清楚；距离本物体越远则颜色越浅，边缘轮廓越模糊。把握住这个规律就能准确地表现出空间关系。投影与物体本身的形体及被投射之物体的形体有很大的关系，当投影落在凹凸起伏的物体上，投影也就随着凹凸起伏的形状而变化。投影并非一片黑色，画成一片黑色就使人感到“死”，就不透明，没有空气感，从而就影响了画面的空间感。我们画日光或灯光作业不能只是受光面画得好，暗面、投影也应处理得很出色、很透明，这样画面才能表现出强烈的光感，如图1—5—6所示。

三、明暗素描观察方法

1. 形体观察

现实生活中的物体都有自己的特征和形态、质地、重量及空间。但通过观察、概括，可以发现它们不外乎都是由方形和圆形组成的。所以在观察任何物体时，都必须把它概括成最简单的基本形。通过透视规律后，就可以用这些简单的基本形把十分复杂的形体表现出来。在形体观察阶段，学生对物体的形基本都能做到归纳概括。

2. 形体结构

物体都有自己的外形和内部构造，在写生中不能只注意外形的变化，在素描训练中，强调结构十分重要。在一般情况下，物体的内部结构关系是不会变化的，无论环境光线如何变化，都只能引起明暗色调的变化，其本身的结构并不会因为环境光线的因素而有所改变。因此，只有熟悉理解了写生对象的形体和结构关系，才能准确地塑造物体。

3. 形体比例

写生过程中，必须强调比例关系的准确。要做到比例关系的准确性，就必须在观察阶段就要整体观察、整体比较、整体表现，切不可局部观察和绘画。确定比例关系的方法是：从整体到局部，先确定大的全局比例关系，如最高最低，最左最右，在图中的位置最大物体中间的最小物体等，然后再确定从大到小的局部的比例关系。其中的局部比例关系一定要服从整体的比例关系，要不断在画面上下左右，利用水平线、垂直线、斜线和虚辅助线反复比较，以检查比例的准确性。

4. 形体与明暗

形体造型准确后，明暗光影就是素描造型的重要表现形式之一。由于物体质地所吸收和反射光的强弱有所差别，就形成了明暗光影的不同。另外，光照的角度和强弱也使得物体的明暗层次更加丰富和复杂。

大多数学生都对“三大面”“五大调子”有所了解，但运用到写生过程中，却常常表现得不够充分。主要出现的问题有两种：一种是灰面的层次表现得不够丰富，使画面仅仅区别了亮面和暗面，没有表现出亮灰、暗灰、环境以及反光对物体复杂的影响。另一种是灰面过多，而亮面、暗面区分不明确，使得整幅画缺少重点强调的部分，都很平均，也就是所说的“画灰”了。

因此，作画中必须反复比较亮部、暗部以及其他中间层次，在统一中求变化，在强调差别时又要注意画面整体性。投影形状也是依据物体造型的不同而不同，而且投影越靠近物体的部分越黑，反之越亮。

5. 质感、亮感与空间感

控制准确的明暗反差和掌握表现方法及灵活的笔法对表现物体的质感、亮感十分重要。一般而言，光滑的物体明暗反差较大，毛糙的物体明暗反差较小，光滑的物体受环境和反光的影响明显，毛糙的物体受固有色的影响，明暗反差弱。软物体用笔轻松，坚硬物体用笔肯定。

在表现空间感方面，要首先确定画面的主体。作画时心里清楚哪些要画得清楚、强烈、具体，哪些要模糊、简略。一般情况下，前面的物体清楚，后面的物体模糊，强光下明暗对比强，弱光下明暗对比弱，对比强就往前突出，对比弱就往后退。可概括为：亮面实，暗面虚；前面实，后面虚；中间实，边上虚；主体实，背面虚。

图1—5—7　风景素描（门采尔 作）⑤

明暗素描是通过光与影在物体上的变化，体现对象丰富的明暗层次。明暗是表现物象立体感、空间感的有力阶段，对其表现对象具有重要的作用。明暗素描适宜于立体地表现光线照射下物象的形体结构、物体各种不同的质感和色度、物象的空间距离感等，使画面形象更加具体，有较强的直觉效果。在早期的绘画中，就有人不同程度地采用了这种手段。到了文艺复兴时期，随着科学的发展，促进了这种手段的成熟，形成了明暗造型的科学法则。这时期的三杰：达•芬奇、米开朗基罗、拉斐尔等艺术大师的研究实践把前人的经验，发展到了一个新的阶段，总结如下：

对象所表现的立体感、质感、明暗、空间关系等。应加强光影与黑白意识，关注明暗变化的节奏规律，以及增强立体观念与空间意识。如图1—5—7所示，积极

主动地通过点、线、面、黑、白、灰等造型因素的运用，有效地表现对象，表现对物体感受；关注物体与背景的空间关系、形体结构线、转折点，注意形体的起伏变化。

习题

1.建筑写生中空间表现包括哪些因素?

2.常用的素描构图法有哪几种?分别是什么?

3.练习：石膏组合结构素描一张，注意表达物体的主次关系。

4.练习：三种不同形态的假山的光影素描，注意光源与质感的表现。

5.选取家里或校园中的一处场景，并用素描的方式绘画出来。

第二章 速　　写

学习目标

1.掌握常用线条的速写用笔的特点，能熟练表现速写对象；

2.了解平视、仰视、俯视等建筑表现常用观察方式的透视原理；

3.掌握写生、默写、临写等学习速写的常用方法，能够表现建筑主体，室内局部装饰、绿化、人物等。

速写是对事物最初的视觉印象的记录方式，要求在短时间内用简练概括的表现手法描绘对象，它具有收集绘画素材、训练造型能力两大方面的功能，高度概括，个性鲜明，能训练眼睛和手协调，培养敏锐的观察和艺术概括能力。速写既是学习美术不可缺少的基本功，也是设计领域的重要表达手段，利用速写搜集题材，表达设计意念，使构思不断提高、深化和完善。对于建筑装饰专业来讲，速写常常成为构思深刻作品的蓝本，是获得设计灵感和积累原始资料的重要艺术手段。学习建筑速写可以熟练绘制设计方案草图，培养学生迅速表达设计构思意图及沟通设计的表达能力，为今后的专业学习打下坚实的基础。

第一节 工具材料

一、纸

纸的种类很多，速写对纸张的要求不高，常用的速写纸有新闻纸、绘图纸、打印纸、牛皮纸和卡纸等。

1. 新闻纸

表面较粗糙，吸水性强，广泛用于铅笔和炭笔速写。

2. 绘图纸、打印纸

表面光滑，沾水后不会起皱纹。适合用于马克笔、钢笔速写以及淡彩渲染画法。

3. 牛皮纸、卡纸

由于制造工艺的不同，这些纸的表面肌理和颜色比较独特。结合彩色铅笔、马克笔和油画棒等材料进行综合表现，可使画面风格别致，富于个性。

除上述材料外，速写本和画夹也比较常用，它们便于携带，有灵感时，可以随时画出来。

二、笔和橡皮

能用于速写的笔种类繁多，如铅笔、炭笔、钢笔、针管笔、美工笔和马克笔等，部分速写用笔如图2—1—1所示。

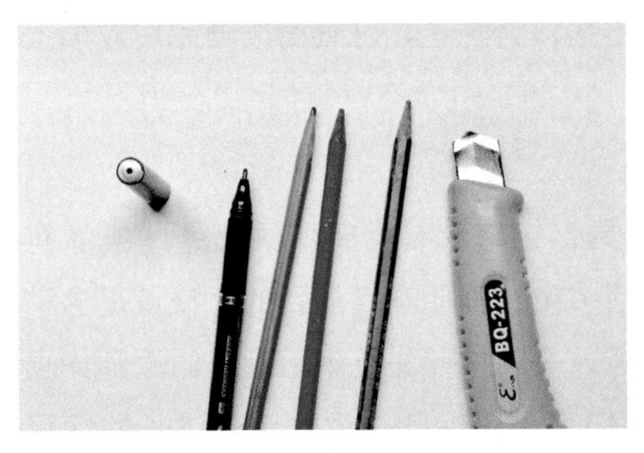

a)

b)

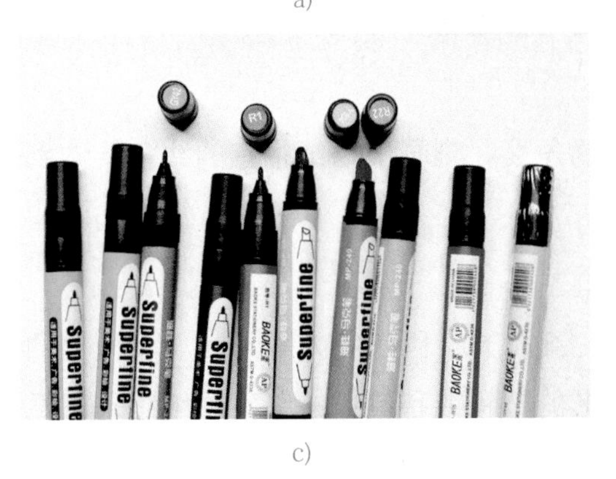

c)

d)

图2—1—1　部分速写用笔

a）铅笔和彩色铅笔　b）炭精条　c）马克笔（毡头有不同形状）　d）套装马克笔

1. 铅笔

铅笔分软（B）、硬（H）两种，用于速写的铅笔有4H、3H、2H、H、B、2B、3B、4B、5B、6B等型号，H数值大，代表笔芯硬度高；B表示笔芯软和粗，例如6B适合画粗黑的线条，H适合一般的书写。可通过用笔的轻重达到浓淡相宜的画面效果，因此在渲染画面气氛，塑造明暗调子等方面，铅笔速写有独到之处。在建筑速写常用铅笔做简单的轮廓定位，明确基本形状和边线。如果使用的铅笔是B型的软笔芯，最好使用纸面较硬、纸质纤维较粗的纸。

2. 炭笔

炭笔的笔芯结合黏土烧制，在挑选时结合表现意图使用。炭笔特点是画面效果强烈，既可作细致的局部刻画，又可进行泼墨式的大写意。炭笔是建筑表现比较常用的一种工具。必须注意的是炭粉附着力不强，为防止弄脏画面，画完后应喷上固定液。

3. 钢笔、针管笔

钢笔、针管笔是建筑速写中常用的工具，钢笔和针管笔所画出的线条富有弹性，并且可以进行排列叠加，达到画面灵活多变、鲜明丰富的目的。缺点是这种笔迹不易修改，作画时应严谨，做到胸有成竹。一般按照先近景后远景的原则作画。钢笔速写时，运笔要放松，一次一条线，切忌小段线条往返磨蹭；过长的线可断开，分段完成；宁可局部小弯，但要整体走向要顺畅。

4. 美工笔

美工笔是特制的弯头钢笔，可因笔尖的角度，刻画出粗细相宜的线条，做到线面结合。

5. 马克笔

马克笔分水性和油性两种。笔头有粗、细、方、圆、斜方等形状。设计用的马克笔提供多种的色块和线条表现形式。扁形的塑料或毡制作的笔尖画细线条或宽笔画。种类多，使用方便。马克笔可粗可细，可与钢笔等其他工具混合使用，运笔的过程中，可用停顿的时间长短产生颜色堆积效果。

6. 橡皮

橡皮在速写过程中也很重要，不仅仅用于修改，更重要的是把它也当成一支笔

来用。

建筑专业的速写常常使用三角尺、丁字尺等工具，需要的时间可能要用小时来计算,熟悉材料的性能和特质，才能结合新材料、新工具，不断创造出新的形式和方法。

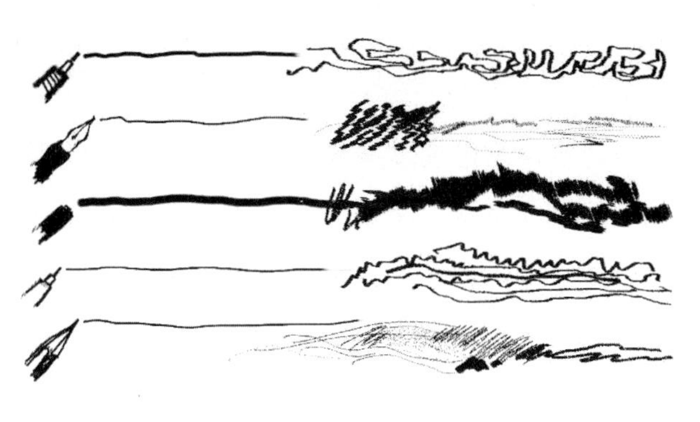

图2—1—2　不同的笔触效果

图2—1—2是不同的笔触效果，线条要变化才有生命力。依次是针管笔、钢笔、炭条、签字笔和铅笔。

各种笔可以结合使用，如图2—1—3所示，用签字笔画出轮廓，通过复印出来的稿子，用不同的马克笔上色渲染。马克笔的渲染效果，可以透出底稿的线条，适合快速表现。

a)

b)

c)

d)

e)

图2—1—3　马克笔渲染步骤及效果
a)没上色的线稿　b)用马克笔渲染暖色　c)用马克笔渲染绿色
d)用马克笔渲染蓝色、黑线勾勒
e)用了红、黄、蓝三色渲染的色彩表现

第二节 速 写 技 法

建筑速写必须掌握绘画的基本原理：线条表现、站点观察、细部描绘、画面色调、构图和层次。掌握这些原理后，结合专业要求，使用艺术的手法进行强调，进行风格化的画面处理。

一、站点观察

站点决定了观察的地点、方式和范围。观看者距离绘画平面的远近就部分决定了被描绘对象的模样，假定对象的位置没有改变，它与绘画平面的关系也没有发生变化。如果改变，绘画平面也随之改变。图2—2—1所示为站点与观测的效果。正常站点观察的时候，地平线约2米高，看到的是平视的效果；蹲下来观察，视点下降，能看到汽车的底盘和街灯杆的下部。因此，正常站点为平视效果，视点下降透视效果也随着改变。

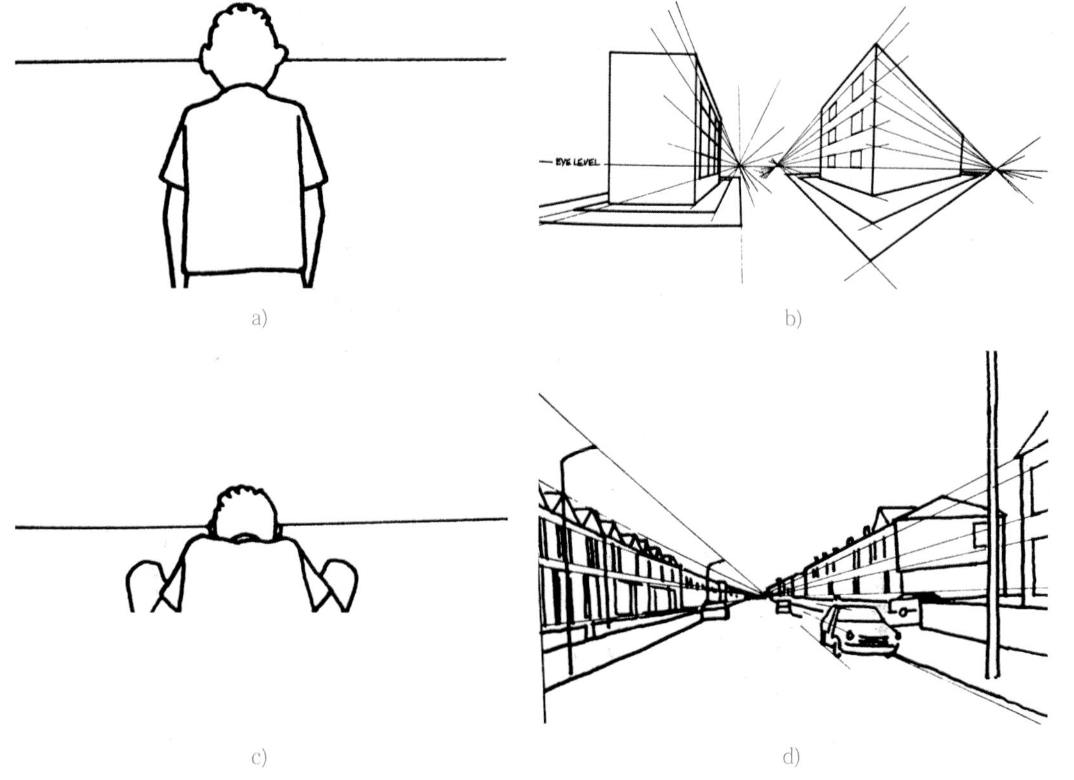

a) b) c) d)

图2—2—1 站点与观测的效果

a)正常站点 b)平视效果 c)视点下降 d)透视效果随着改变

观察地点决定以后，随之就是怎样看和怎么用的问题，仰视、平视、俯视是专业速写中观察建筑常见的形式。图2—2—2说明观察的方式不同，所看到的景物的差异，分别是远眺、平视、俯视、俯视局部。

a)　b)　c)　d)

图2—2—2　专业速写常见的观察方式
a)远眺　b)平视　c)俯视　d)俯视局部

二、画面构图

建筑的构造形态多样，速写的画面包含着许多相互作用的元素，明与暗、高与低、远与近、虚与实、大与小。将这些相互作用和对立的元素和谐统一于画面之中，就是解决了画面的结构问题。取景与构图需要反复推敲，才能搬上画面。“经营位置”就是要精心安排画面的疏密、聚散、虚与实和构图的上下错落等。

1. 主次

分清主次就是分清画面的主体和背景。重点表现的是主体，分清画面的主次。主体放在显要位置，拉开主体和背景的关系，主体结构刻画细致，黑白对比分明。

次要图形相应简化、缩小、减弱。如图2—2—3所示，教堂和林间别墅是主体，是表现的重点，所以画面的其他部分就要简化。

a)

b)

图2—2—3　主次
a)教堂　b)林间别墅

2. 均衡

均衡就是画面图形与图形、建筑与其他物象之间的交流呼应，以达到画面的平衡。包括分对称式均衡和非对称式均衡。

（1）对称式。人体和生物的形象都具有这个特点。对称式速写画面的均衡，在形式和布局趋向对称，如形象外形、黑白布局获得视觉量感的基本相同。建筑结构具备对称特点就显得庄重、安定。如图2—2—4所示，神殿和山庄建筑是对称的，获得视觉的平衡，最终实现画面的均衡。

a)

b)

图2—2—4　对称式均衡
a)神殿　b)山庄

（2）非对称式。生动多变，等量不等形，保持视觉上量感相等，形态大小和黑白分布不相等。如图2—2—5所示，歌剧院门厅通过线条长短和方向的不同，使画面达到了均衡。

图2—2—5　歌剧院门厅

3. 稳定

重心要稳是表达建筑空间的前提。人的生理和心理需要稳定，同样在建筑构建上稳定也是必需的。画面要结合视平线、视角等因素，表现的建筑的承重结构要竖直，保证结构的稳定。如图2—2—6所示，车站的建筑是典型的现代工业产物，三角形的构件营造了稳定的气氛。

图2—2—6　车站大厅

三、线条表现

线条在速写中占有特殊的地位，通过线条构成形体。

线条表现是最便捷的美术技法，是速写中最常用的、最富生命力的。无论描绘的是人或者其他对象，都可使用线条来表示物体的边缘和轮廓。线条可以单独使用，也可以起支持作用；线条可以有力传递鲜明的体积、团块、形式、重量和空间的感觉，表达描绘者的感情；线条以其优美的抽象特质，表达出画面的主题。

速写的线条表达能力必须经过不断的练习才能得到。手和眼配合默契，手要准确表达出眼睛的观察，首先要用好线，用线来表现结构，随着物体外在的“形”来运笔；更重要的是艺术观念，这不仅需要灵巧的手，更重要的是怎样看、如何想的思维方式——向大师学习是最好、最便捷的方法。德加这位印象派大师在他速写作品《舞女》（见图2—2—7）中，大胆的笔触和干净的线条，十分轻易地画出了舞女调整鞋子的姿态，优美地配合着脸部与手的感情动作。这种线条不仅描绘了优美的形体，同时本身就表现出了优美的韵律。

图2—2—7　舞女（德加 作）

建筑专业速写的线条仰承了绘画艺术的优点，注重线条的轻重和线条粗细，运用线条表现建筑的体积、质感、造型、肌理和虚实明暗。线越重，限定的元素显得越重要——用于勾画重要的形状，如房屋的边缘。浅线条表达次要的元素，结构的细部。中间线条表现轮廓或者远离观察者的物体。如图2—2—8a所示，建筑的规整的线条和石头形成了鲜明的肌理对比；如图2—2—8b所示，运用线条构成了建筑的体和面。

通过线条的灵活运用，发挥出这些表现方法：

1. 以线条为主的表现形式

在刻画局部所使用的线条的线重和线宽，要服从整体效果，不能跳出来而影响表现的整体效果。

图2—2—9所示为以线条为主的表现形式：图 2—2—9a突出了山村的房屋，其他一带而过，类似中国画中的留白，留下了想象空间；图2—2—9b中游艇的长线条穿插于画面中，带起了画面的气氛；图2—2—9c中水平长线与桌椅的曲线形

成了对比，活跃了氛围，富有情趣。

a)

b)

图2—2—8　线条的表现

a）线条表现造型　b）线条勾画形状

a)

b)　　c)

图2—2—9　线条为主

a）山村速写　b）海滨游艇　c）餐桌

2. 线面结合的表现形式

线与面相结合的速写，适合表现面积和体积的基本形态要素，可以着重表现形体的明暗块面及阴影变化。运用线表现对象，同时表现调子的变化。这种综合手法使画面效果生动活泼、变化丰富，以充分表现物体的形状、体积和质感。

建筑速写线面结合形式应用比较广泛，用线条排列组合的多样性，如大小、疏密、轻重、聚散、虚实构成画面中的面。可以利用光的感觉把建筑表现得更丰富生动，用线把建筑的结构加以强调。根据对象的造型特点，或者线多面少，或者线少面多，给予不同的处理。

如图2—2—10a所示，地毯、茶几构成了大面，短线表现书柜，面积和体积形成了对比；如图2—2—10b所示，游艇的三角帆与河堤形成明暗块面的对比；如图2—2—10c所示，运用线和明暗调子相结合手法表现现代建筑的商业区的门面。

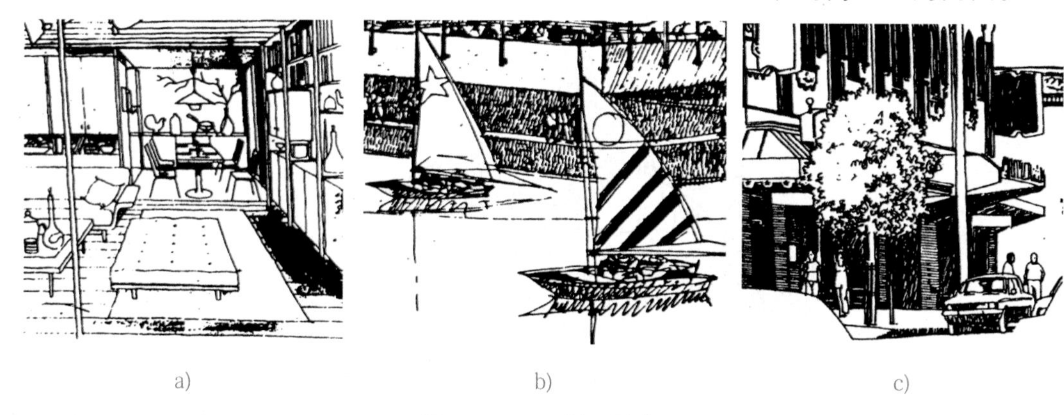

a)　　b)　　c)

图2—2—10　线面结合

a）家居一角　b）假日游艇　c）商业区一景

3. 以明暗调子为主的表现形式

这种表现使用的工具可以是钢笔、炭笔、铅笔等“硬笔”，也可以采用毛笔、水彩笔等“软笔”。

由于对象的固有色和周围环境的影响，以及实际环境的丰富变化和复杂。在速写时应该从表现对象的块、面变化出发，抓住其形体转折面的变化主要的明暗效果，进行归纳，减少中间层次的变化，强调黑白对比。

建筑装饰所涉及的内容多样，色彩丰富，造型各异，在建筑速写中，可以采用多种手法表现，经过提炼的表现包含形式、质感、线条的层次或配景，例如喷泉、

花坛、人行道、地面和植物。

如图2—2—11a所示，通过线条表现了博物馆内的简单的几何空间，渲染了其中的光照效果；如图2—2—11b所示，通过线条表现了其中的展品和观众，减少中间层次的变化，强调黑白对比。

a)

b)

图2—2—11　线条表现明暗调子

a）博物馆　b）博物馆（局部）

四、细部描绘

建筑速写中的细部描绘涉及绿化、人物和各种场景较多，取景范围较大，变化因素较多。而建筑环境、室内摆设等与生活息息相关，因此要研究道具、生活环境和人这三者的关系。在这一类速写的过程中，站点是不能随意移动或调整的。一般要按照先人后景、先近后远、先主后次的原则进行细部速写。

1. 绿化

绿化树木要画成空间要求的大小，先用浅线条将预定的植物范围画出，确定植物边缘，概括成单纯的几何圆形。如果以单株植物表现丛生植物群，常常因为边缘重叠而杂乱，破坏整体构图。图2—2—12所示为绿化在建筑装饰中的应用介绍常见的两种情况：图2—2—12a所示植物点缀了办公区域，同时划分了空间；图2—2—12b所示配合的植物烘托雕塑、植物和艺术品相互装饰，营造了艺术环境。

a)　　　　b)

图2—2—12　绿化在建筑装饰中的应用

a）办公区域的划分　b）配合艺术装饰

在建筑速写中，树木往往能起到衬托主题、渲染气氛的作用。它们能提供多种形状、尺寸和纹理质感。树的基本形状可概括为球体、锥体、半球体等。 画树应该抓住以下几点：分析树的外形特征和生长规律，根据构图需要安排画面的位置；抓住树干结构，进行整棵树层次的归纳；深入刻画树的体积与叶的外形特征。

如图2—2—13所示，专业速写中可以用概括手法表现特征，省略表现细节；树的基本形状可概括为球体、锥体、半球体等；现代建筑的风景树如棕榈、苏铁等树叶和长势千姿百态，速写重在表现外形特征。

a)　　　　b)

图2—2—13　专业速写中树的归纳表现

2. 人物

（1）人体和空间各元素之间的比例和尺寸。建筑速写中的人物可以活跃建筑环境，烘托气氛，速写表现人物要注意比例的协调，要和周围的家具、绿化比例等协调，各元素或空间在视觉上相对于人或人群的比较，人体和空间各元素之间的比例和尺寸是必须要考虑的。如图2—2—14a所示，表现成人和孩童的身高比例；如图2—2—14b所示，通过成人的身高体现了家具的尺寸；如图2—2—14c所示，表现了建筑中厅绿化和人的空间比例；如图2—2—14d所示，公共空间中的人和街道、建筑的关系，是公共规划中必须考虑的因素。

a) b) c) d)

图2—2—14 人物比例的协调

a）成人和孩童的比例 b）人与家具的比例 c）人与绿化的比例 d）公共空间中的人

（2）人物的主要动作姿态描绘。实际情况下，要迅速抓住人物的主要动作姿态特点，并用简练的笔法表达出来人的各种活动，有的相对静止，如坐、卧、立、蹲等，也有比较剧烈的运动，如跳、跑等。建筑专业的人物速写着眼于抓好大的形体和整个身体动态，包括以下两点：

1）用辅助线校正形体。首先了解人物的动态特征，安排好构图，然后着眼于对象的大动势，利用垂直线、水平线、倾斜线来校对形体，画出人物的动态大感觉的某种几何形体。接着找出大的比例和结构关系。掌握动态的基本形体很重要，基本形体抓住了，才能把握好各部分的比例以及局部在整体中的位置。做到结构严谨、关系准确。随着速写能力的提高，可以不用辅助线，但始终要坚持“着眼整体，从局部入手”的原则。

2）抓住动态人物的重心。人物在进行动作时重心会随之改变，速写的时候特别要注意重心所在的位置，找出身体重力的支持点。例如，找出是双腿受力，还是单腿受力。重心偏移后，找出身体重力是否还是由双腿支撑，以免让人产生人物重心不稳的感觉。能概括人物动态特征的线条称为动态线。人物的衣着往往是一部分贴身，一部分不贴身。特别当人的动作变化较大时，表现难度相对增大。这种情况下，就要从人体内部结构变化来理解外形和形态，抓住动态线，选择对象生动的瞬间动作来表现。抓住了动态线，就可以结合记忆，进行默写，继续深入。

图2—2—15所示为不同空间环境的人：表现了中庭、街边小景 、花店、复式住宅、滑冰运动中心、商城门庭、超市、洗衣店的各种人物，有休闲、游览和工作的各种人物等，具有学习参考价值，可以临写。

a)

b)

c) d)

e) f)

g) h)

图2—2—15　表现不同空间环境的人

a）中庭　b）街边小景　c）花店　d）复式住宅

e）滑冰运动中心　f）商城门庭　g）超市　h）洗衣店

3. 其他空间

表现建筑装饰空间的速写还包括办公室区域、中庭区、走廊、庭院、商场、户外景观等。图2—2—16所示为不同的办公室区域：表现了办公室、走廊等一些区域；图2—2—17所示为商店及餐馆 ：表现了小商店门面 、酒吧窗台、餐饮 、中庭、休憩区域、休闲会所、商场一景、餐饮；图2—2—18所示为天花速写。上述这些地方常常容易被忽略，但却往往是建筑中的点睛之笔，作为专业人员，在工作休息之余，拿起笔来描绘出对象情景，也是设计的素材来源。平时的速写练习还可以培养敏感的速写意识。

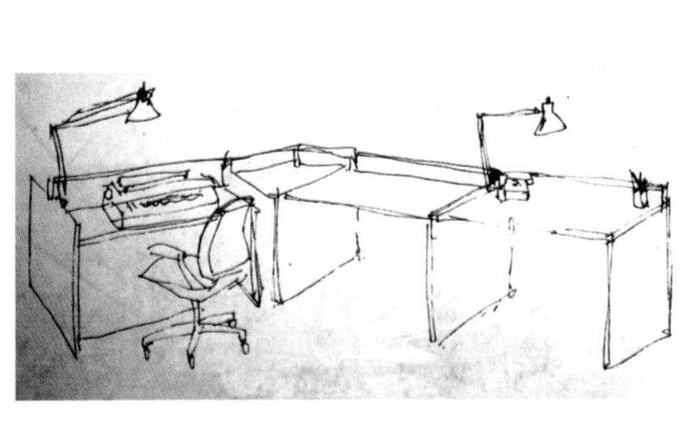

a)

b)

c)

d)

图2—2—16　办公室区域

a）办公家具　b）会议厅　c）门梯　d）个人办公

a)

b)

c)

d)

e)

f)

g)

h)

图2—2—17　商店及餐馆

a）小商店门面　b）酒吧窗台　c）餐饮　d）中庭

e）休憩区域　f）休闲会所　g）商场一景　h）餐饮

a)

b) c)

图2—2—18 天花速写

a）小型电影院 b）商场采光 c）会议厅

五、明暗色调

明暗色调改变能够控制画面的层次，可以对应体现画面的前景、中景和背景。渐进式明暗色调所呈现的深浅变化是大众所接受的——中景用中间色调；最重的色调在前景。也有与之相反的情况，当明暗色调变化不是渐进时，感觉就会被破坏，物象重叠，无法产生远近距离，没有深度，画面变平了,速写要尽量避免。

通过线条的长短曲直、转折顿挫、轻重徐疾的变化来营造画面气氛，形成不同的节奏和韵律。许多极丰富的效果都是靠线条的表现而获得的。线条的具体运用要根据对象的形态、色彩等特点来决定。速写时通过组织画面线条的疏密聚散，做到“疏可跑马，密不透风”，以营造画面的视觉中心和黑白灰的层次。画面的黑白灰层次，通过线条的构成表现，没有线条的地方是白，线条厚重的地方是黑，灰色调的制造，需要细致优美的线条来配合，把颜色转换成线条的形式和纹理。如图2—2—19所示，户外景观可以体会前景、中景和背景，主体和配景的前后关系，

画面的视觉中心和黑白灰的层次。

a)

b)

c)

d)

图2—2—19　户外景观

a）小车　b）门窗　c）购物中心　d）游艇

习题

1. 以自己的手为例，用线条表现手的不同形状。

2. 街头人物动态速写5张。突出动态特征，注意线的表现。

3. 产品速写10张，如电吹风、熨斗、皮箱、皮靴、吸尘器等。

4. 场景速写20张，卧室一角、客厅一角、会议场面、街边小景等，要求使用钢笔进行线条勾勒，注意透视变化和比例的协调。

5. 选取三种不同形体的树木，用线条勾勒出树干和树冠的生长形体，描绘出树种特征。

第三章 色 彩 表 达

学习目标

1.了解色彩的产生原理，以及色彩的心理表现；
2.掌握色彩的混色原理；
3.掌握色彩调子关系，能应用到建筑空间装饰设计中；
4.了解色彩写生的工具和材料，掌握水粉写生的方法和步骤；
5.掌握初步的写生能力，能表现风景和渲染建筑画。

色彩作为造型艺术的主要手段之一，是造型艺术的基础。色彩作为设计的重要因素，装饰美化生活，在某种程度上左右人的情感，甚至改变人的生活方式。因此，系统、科学地认识色彩，学习色彩的基本规律和基础知识，熟练掌握色彩的表现技巧，了解色彩的学习目的和方法，对每一个艺术设计专业的学生显得尤为重要。

第一节 色 彩 原 理

一、色彩的艺术表现

色彩目前在以下行业应用广泛：美术绘画、纺织服装、建筑室内、展览展示、焰火灯光、影视媒体、工业设计、平面印刷、摄影、形象设计、舞台美术、动画卡通、流行趋势、化工塑料、建筑涂料、陶瓷等。

从古到今，人类对色彩的认知、颜料的使用以及色彩艺术表现的发展可以分为以下四种类型，这些类型的色彩表现形式虽然出现有先后，但无优劣之分。

1. 第一类型：单纯的色彩

原始社会时期，从法国拉斯科洞穴壁画（见图3—1—1a）、古埃及的壁画（见图3—1—1b）、北京山顶洞人遗址、新石器时期的彩陶、浙江余姚河姆渡遗址的朱红涂料木碗等考古发现，人类初步掌握铁红色、赭红色、黄色、黑色、白色、青色几种色彩材料的简单使用。

a)

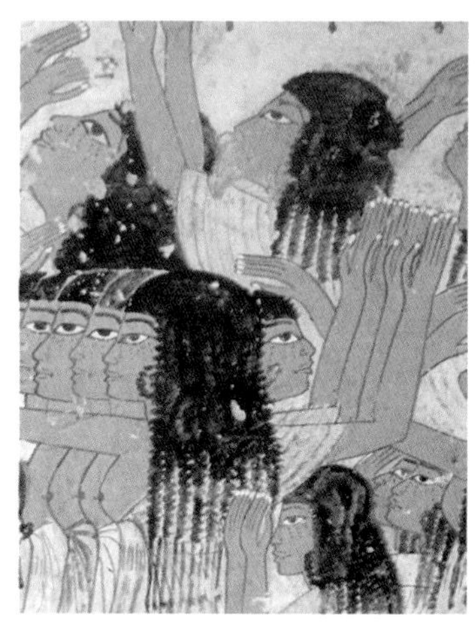

b)

图3—1—1　古代壁画

a）法国拉斯科洞穴壁画　b）埃及壁画

从艺术角度来讲，人类的童年时代所创作的高度，许多方面是今天无法逾越的。图3—1—2所示为两河流域的壁画，使用钴蓝、赭石、黄、黑等色搭配。图3—1—3所示为中国新石器时期的彩陶，使用白、赭石、黑等色搭配。图3—1—4所示为古希腊的陶画，使用黑与红搭配。图3—1—5所示为古埃及的彩陶，使用赭石和黑、红、白。

图3—1—2　两河流域的壁画

图3—1—3　中国新石器时期的彩陶

图3—1—4　古希腊的陶画

图3—1—5　古埃及的彩陶

2. 第二类型：色彩工艺

公元前开始，古希腊、古罗马和中国开始应用色彩进行工艺创作。

我国的汉代染色和绘画使用的颜料已经很丰富，在唐代就出现了色彩鲜明的壁画和镶嵌漆画，大约在同一时期还发明红、黄、蓝、绿色的“唐三彩”釉陶，如图3—1—6所示。中国古代的卷本绘画在色彩上逐渐积累重要的色彩经验——墨色的运用。明朝园林建筑色彩规划多用白色，多借用材料的原始色彩，构成明代江南园林与水墨山水意味相近的视觉效果。

图3—1—7所示为波提切利的《春》，这幅中世纪的绘画透出古典美，以及线条和色彩结合和谐。

图3—1—6　“唐三彩”釉陶

图3—1—7　春（波提切利 作）

3. 第三类型：光色调和

印象派画家开始观察和表现光色的瞬间微妙变化，将室外光的复杂光影效果作为写生的追求，如莫奈、雷诺阿、毕沙罗等。后期印象派的高更、塞尚、凡•高在色彩表现上全力追求脱离传统模式限制、写生逻辑限制、光影要素限制的自由色彩艺术表现。色彩对他们的作品至关重要，并深刻影响着现代艺术。图3—1—8所示为莫奈（印象派代表之一）的《睡莲》，从中可看到光影的变化。

图3—1—8 睡莲（莫奈 作）

这是人对色彩美的渴望，色彩不再只为了说明物体、表示明暗，不再只为了照顾对象角色的身份而存在。在现代艺术中，即使是写实性比较强的绘画，也完全可以摆脱具象形体的束缚，自由发挥色彩关系的美感，营造有个性的画面的色调。这个过程一直延续至今，长达100多年，艺术家们用自己的探索验证了人对色彩审美世界的发现还有更广阔的空间。

4. 第四类型：数字化应用

20世纪初，通过科学的方法和技术手段已经将全光谱中可见光的大多数色彩复制出来，色相再现技术标准越来越精细。色彩产品具有了全球通用的可参照系统，成为全球化统一产业中的一部分。人类对色彩的描述由感性进入理性、严格、精确阶段：蒙塞尔色彩系统诞生，随后奥斯特瓦尔德色彩系统、自然色彩系统等系统被各地色彩学家研究开发出来。色彩系统的发展后期，在建筑材料、服装染色、颜料制作、印刷等色彩工艺领域，色彩系统的控制可以做得在色彩交流中几乎不存在色差。随着数字科技的发展，数字色彩技术的推广和应用再次促进了色彩设计、色彩

艺术表现的发展。数字色彩设计比传统色彩设计具有更加可靠的色值稳定性、行业统一性，提高了色彩产业循环的运行效率。

二、色彩的形成

1. 色彩形成原理

现代物理学证实，光和无线电波都是一种电磁波，色彩是由光的刺激而产生的一种视觉效应，光是色彩产生的原因。因此，色彩从根本上说是光的一种表现形式，受光物体根据对光的吸收和反射能力从而呈现千差万别的颜色。

人眼可感知的光称为可见光，其波长在380纳米（紫光）到780纳米（红光）之间。波长小于380纳米的电磁波已经超出人的感知范围之外，称为紫外线。波长大于780纳米的电磁波称为红外线。图3—1—9所示为电磁波波长图，图中人类所处的位置就是能感受到色彩的电磁波段。

在可见光谱内，不同波长的辐射引起人们的不同色彩感觉。英国科学家牛顿在1666年发现，把太阳光经过三棱镜折射，然后投射到白色屏幕上，会显出一条像彩虹一样美丽的色光带谱，从红开始，依次是赤、橙、黄、绿、青、蓝、紫七色，如图3—1—10所示。人们日常看到彩虹的颜色就是光谱色，是从太阳光里折射出来的。不过，彩虹里只有饱和度很高的赤、橙、黄、绿、青、蓝、紫。

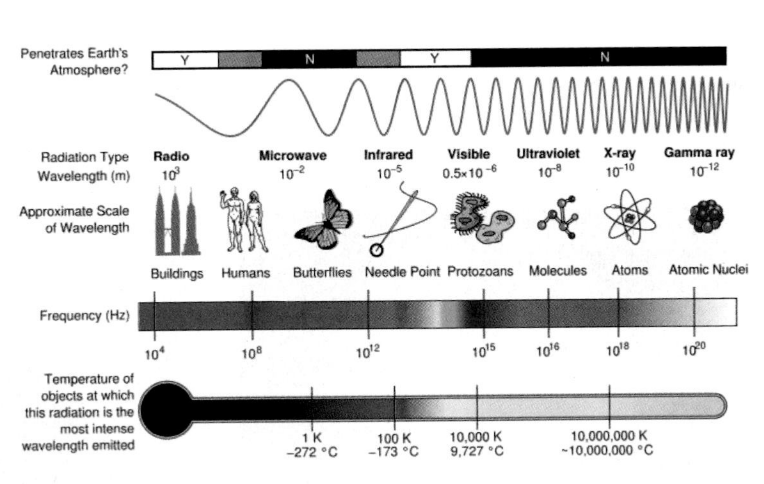

图3—1—9　电磁波波长图

色彩对人的影响不局限于光学范围。人们可以通过眼睛感受色彩，眼睛决定了感受光线和色彩的能力。从生理学角度看，人眼在接受光的刺激后，形成神经兴奋，传达到大脑皮质中的视觉中枢而产生了颜色视觉。

2．自然色彩与绘画色彩

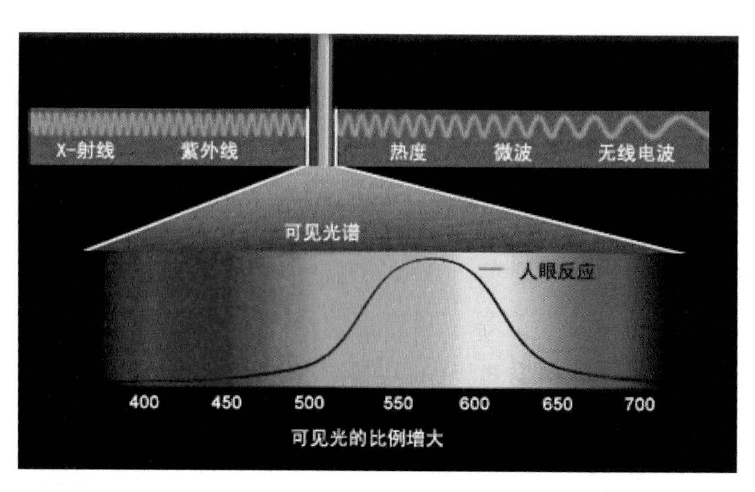

图3—1—10　自然光光谱

色彩从表现形式上看，可以分为自然色彩和绘画色彩两种。

（1）自然色彩。一般指在阳光照射下的一切景物的颜色，它随着季节、气候、环境和时间的变化而发生变化。白而亮的一束光束通过三棱镜后，照射在屏幕上可以表现出红、橙、黄、绿、青、蓝、紫。色光的三原色是红、绿、蓝。色光的形成原理是加法混合，也称正混合。色光三原色按一定比例重合可以形成白光（见图3—1—11a）。

（2）绘画色彩。绘画色彩可以表达物体色、环境色、光源色及其相互影响和变化。绘画色彩的三原色是红、黄、蓝。绘画色彩的形成原理是减法混合，也称负混合。绘画色彩三原色红、黄、蓝的颜料本身有吸光和反光的特

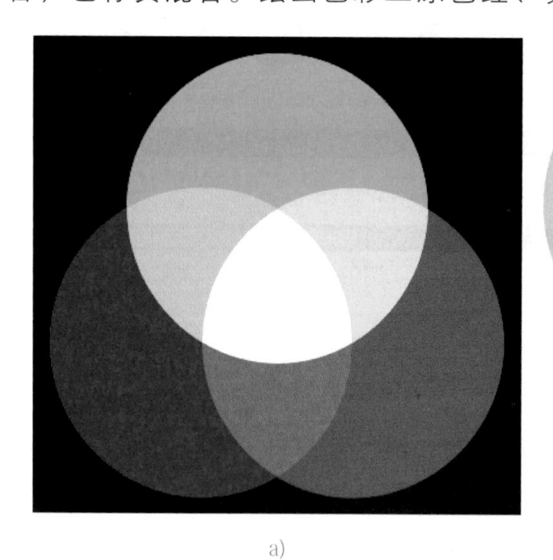

a)

b)

图3—1—11　三原色

a）色光三原色　b）颜料三原色

性，它能够把大部分的光吸收进去，而少量的光反射出来。因此，不同颜色叠加时，其中一种颜色会吸收另一种颜色，结果越来越弱，也就是明度和纯度同时降低，造成明度上的递减（见图3—1—11b）。

色彩会因不同观者、不同条件而有不同的感受，而引发出色感（冷暖感、胀缩感、距离感、重量感、兴奋感等）、对色彩的好恶、色彩的意义（象征性、表情性等）、色听联觉等问题。因此，在特定条件下色彩会产生与观者的感受、情感的联系。例如，红色对中国来说通常表示吉利、幸福、兴旺；对西方人来说则通常有邪恶、禁止、停止、警告的意思。

三、色彩的种类

色彩可分为原色、间色、复色和补色。由原色、间色、复色组成了一个有规律的12种色相的色相环（见图3—1—12），如同彩虹的接续，在这个色相环中，每一种色相都有它自己相应确定的位置。图3—1—13所示为三原色和第一次混合出来的间色。

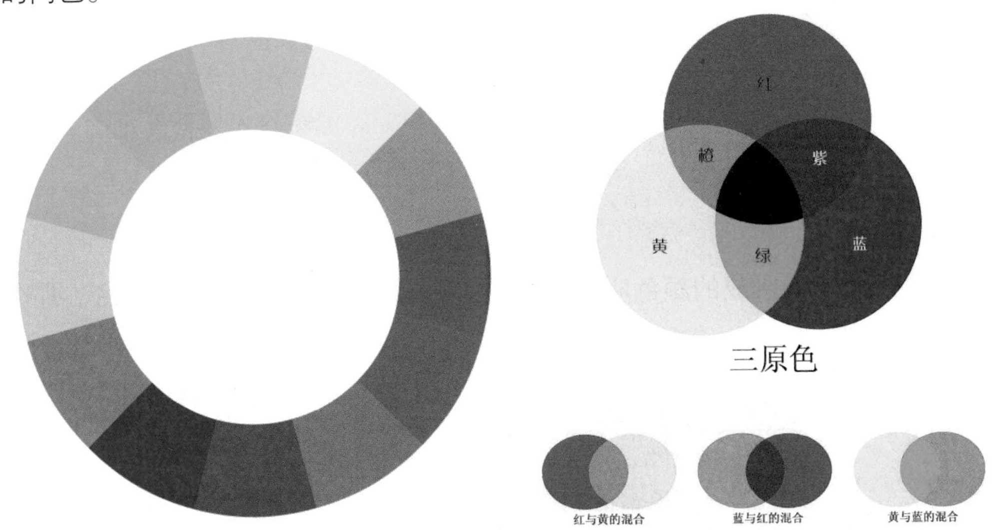

图3—1—12　RGB十二色相环

图3—1—13　色彩混合

1. 原色

原色（见图3—1—14）是指不能透过其他颜色的混合调配而得出的“基本色”。例如，红、黄、蓝为三原色，也称第一次色。红、黄、蓝是其他颜色调不出来的，而其他色都可以由红、黄、蓝调出来。在依顿色相环中红、黄、蓝为三原色，把这三种原色的标准定为：

红：不带蓝也不带黄味的红色。

黄：不带绿也不带红味的黄色。

蓝：不带绿也不带红味的蓝色。

以不同比例将原色混合，可以产生出其他新颜色。以数学的向量空间来解释色彩系统，则原色在空间内可作为一组基底向量，并且能组合出一个“色彩空间”。一般来说，叠加型的三原色是红色、绿色、蓝色，而消减型的三原色是品红色、黄色、青色。而传统的颜料着色技术以红、黄、蓝为原色颜料。能配合成各种颜色的基本颜色，称为基色。

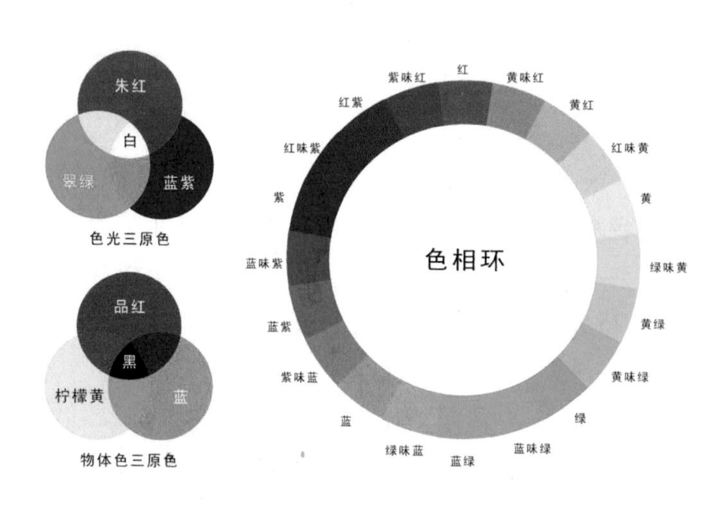

图3—1—14 三原色

2. 间色

两种原色相调所成的颜色叫间色（见图3—1—15），也叫第二次色。那么，三原色就可以调出三个间色，其配合如下：

红+黄=橙

黄+蓝=绿

蓝+红=紫

三原色中的红色与黄色等量调配就可以得出橙色，把红色与蓝色等量调配得出紫色，而黄色与蓝色等量调配则可以得出绿

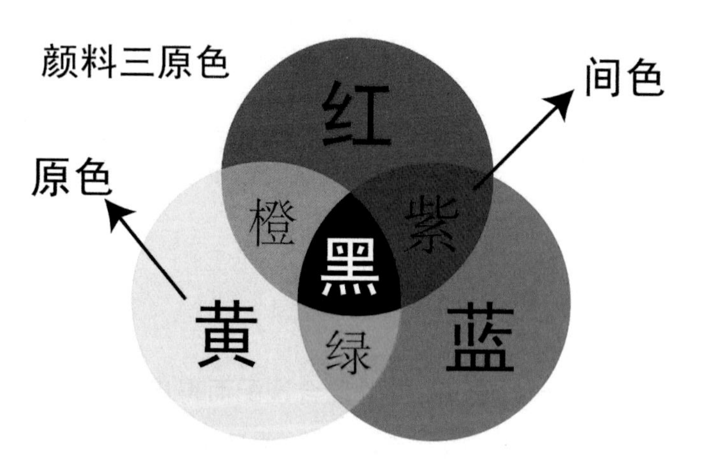

图3—1—15 间色

色。三种原色调出来是近黑色。在调配时，由于原色在分量多少上有所不同，所以能产生丰富的间色变化。

3. 复色

由两个间色相混或间色与原色相混所形成的颜色叫作复色（见图3—1—16），也叫第三次色，其颜色纯度较低。复色的配合如下：

黄+橙=黄橙

红+橙=红橙

红+紫=红紫

蓝+紫=蓝紫

蓝+绿=蓝绿

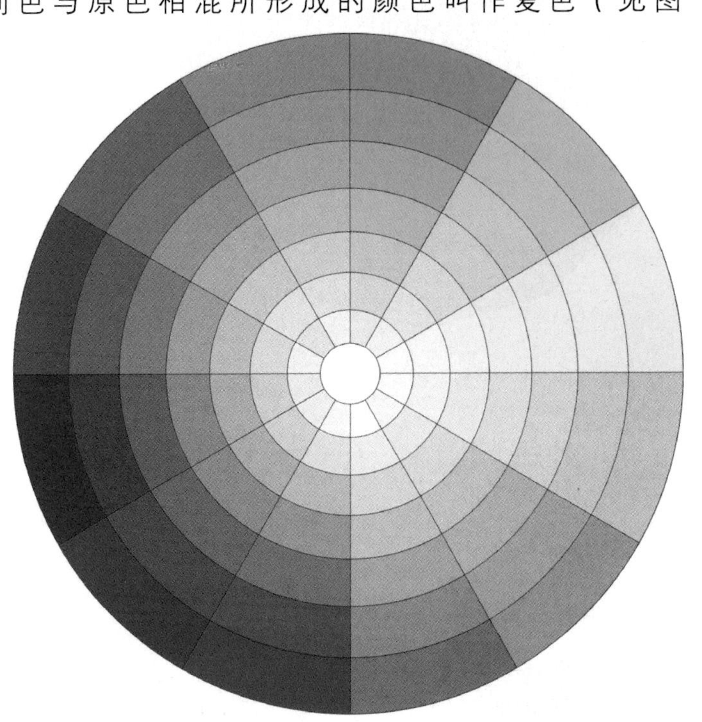

图3—1—16　复色圈

复色是最丰富的色彩家族，千变万化，丰富异常，包括除原色和间色以外的所有颜色。复色可能是三个原色按照各自不同的比例组合而成，也可能由原色和包含有另外两个原色的间色组合而成。因复色含有三原色，所以含有黑色成分，因此纯度低。复色种类是很多的，但多数较暗灰，而且调得不好，会显得很脏。

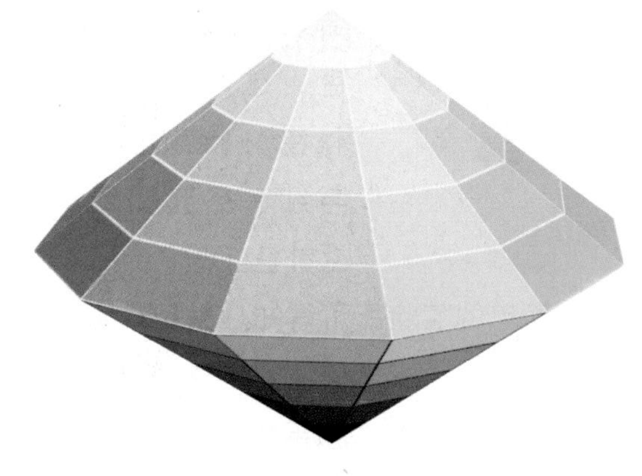

图3—1—17　孟塞尔色系立体图

孟塞尔色系（见图3—1—17）表达了复色的变化：

由中部往下（见图3—1—18）添加了黑，往上（见图3—1—19）添加了白，中间的色环纯度最高，是原色。

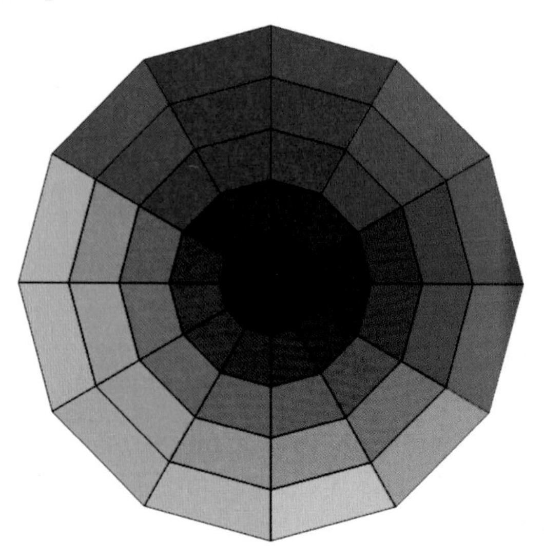

图3—1—18　孟塞尔色系立体图的下部

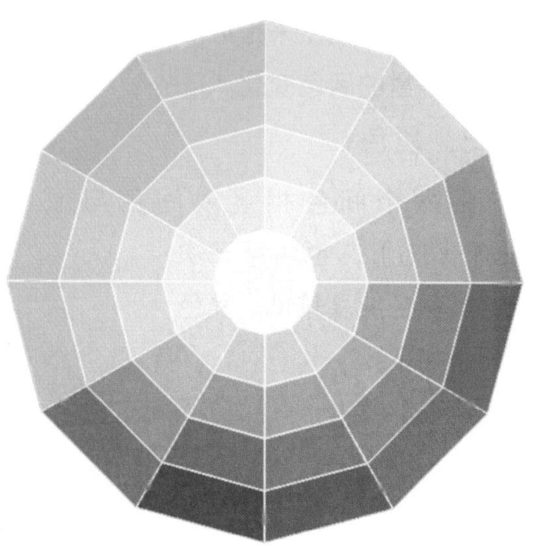

图3—1—19　孟塞尔色系立体图的上部

4. 补色

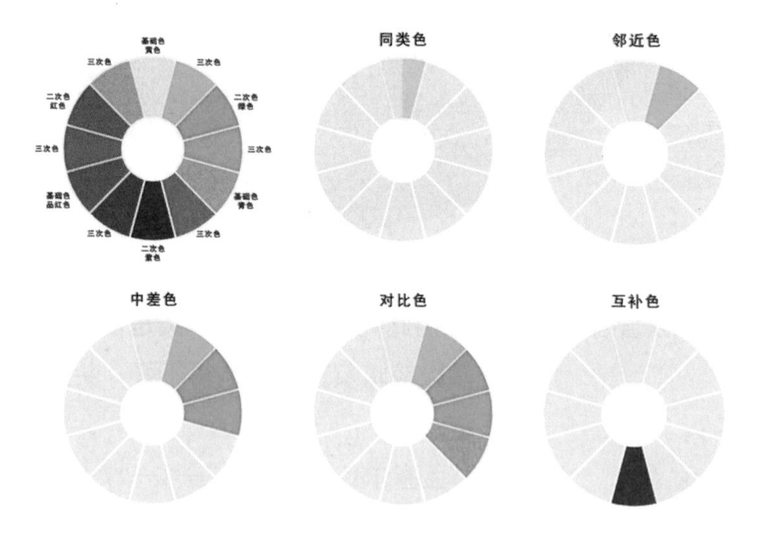

图3—1—20　补色

在色相环上相互对着的两种颜色叫补色（见图3—1—20），互为补色的两种色是对比最强烈的颜色。补色又称互补色、余色。如果两种颜色混合后形成中性的灰黑色，这两种色彩为互补色。如黄与蓝、青与红、品红和绿均为互补色。

一种特定的色彩总是只有一种补色，做个简单的实验即可得知。当用双眼长时间盯着一块红布看，然后迅速将眼光移到一面白墙上，视觉残像就会感觉白墙充满绿味。这种视觉残像的原理表明，人的眼睛为了获得平衡，总要产生出一种补色作为调剂。这种现象说明，有些作品画面色彩单调，是由于画面中的色彩布局不能满足视觉补色的平衡而造成的，在约翰内斯·伊顿设计的色彩环形轮上，互补色是每条直径两端上的色彩，如图3—1—21所示。

补色还具备以下特征：两个互为对比的颜色如红和绿，靠近并置在一起时，它们各自的色彩都在视觉上加强了饱和度，显得色相、纯度更强烈；这两个色彩调和后成为明度、纯度都降低的中性灰黑，这种灰黑色是这一组对比色互相连接最调和的颜色。

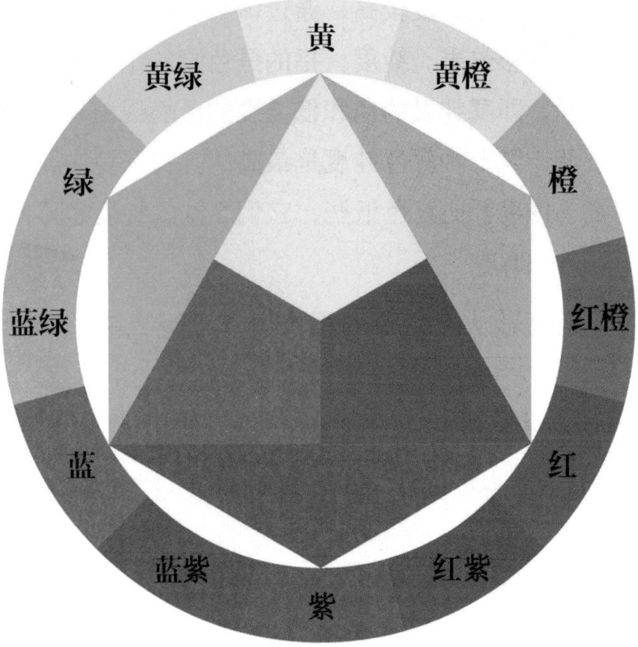

图3—1—21　伊顿十二色相光圈

四、色彩三要素

色彩特征由纯度、明度和色相三个基本要素组成，它们有不同的属性。人眼看到的任一彩色光都是这三个特性的综合效果，这三个特性即是色彩的三要素，其中色调与光波的波长有直接关系，亮度和饱和度与光波的幅度有关。

色彩的三个基本要素是不可分割的统一体，任何一个要素不可能孤立存在，在动笔之前，首先要进行仔细观察分析。作画过程中利用分离三要素的方法，分别用明度、纯度、色相逐一检验画面存在的问题。例如，画面上的颜色很多，但层次不清，效果沉闷，这可能是明度层次没区分好；画面节奏感很强，色彩倾向也较明确，但某些色块有些孤立或显得生硬，这可能是这些色块的纯度没搞好，纯色和灰色缺少呼应和协调；如果画面的色彩的明度和纯度关系正确，但缺乏色彩感，那就是色相不对，冷暖不协调。作为色彩写生基础训练，要不断总结写生体会，养成用色彩的三要素去控制和检验画面色彩效果的习惯。

1. 纯度

从理论上讲，一切颜色可通过红、黄、蓝三原色调和而生成，未加入其他颜色调和的三原色保持了最高的纯度。当它们相互混合后纯度就开始降低。从商店购回

来的颜料一般纯度较高，通过调和，颜色发生从纯到灰的变化，使画面形成纯与灰对比的色彩效果。纯度，指的是色素的饱和程度。色彩的纯度体现事物的量感，纯度不同，即高纯度的色和低纯度的色表现出事物的量感就不同。红、橙、黄、绿、青、蓝、紫七种颜色纯度是最高的。每一色中，如红色系中的橘红、朱红、桃红、曙红，纯度都比红色低些，它们之间的纯度也不同。

2. 明度

指色彩从亮到暗的程度。在色环当中，黄色明度最高，蓝色明度最低，黑和白是单独序列明度的两极。绘画上色彩的明度区分，犹如音乐的高低音节作用，明度的调子使画面层次分明。明度，是指色彩的深与浅所显示出的程度。所有的颜色都有明与暗的层次差别。这层次就是“黑”“白”“灰”。在红、橙、黄、绿、青、蓝、紫七色中，最亮的明度最高的是黄色、橙，绿次之，红、青再次之，最暗的是蓝色与紫色。色彩明度的变化即深浅的变化，就使色彩有层次感，出现立体感的效果，如图3—1—22所示。

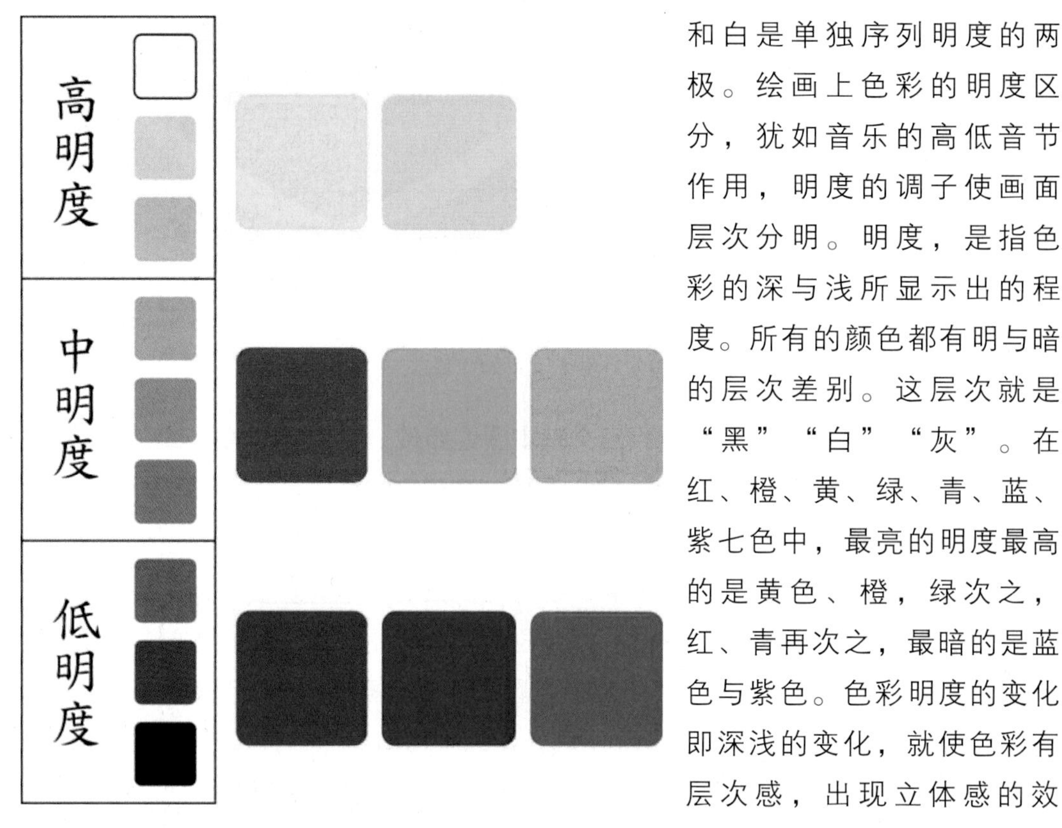

图3—1—22 明度

3. 色相

三原色之间的调和可以派生出无数颜色群。如红与黄混合变为橙，红与蓝混合变为紫，蓝与黄混合变为绿，这些不同的颜色名称就是色相。色相指的是色彩的相貌特征和相互区别。色彩因波长不同的光波作用于人的视网膜，人便产生了不同的颜色感受。色相具体指的是红、橙、黄、绿、青、蓝、紫。它们的波长各不相同，

其中红、橙、黄光波较长，对人的视觉有较强的冲击力。蓝、绿、紫光波较短，冲击力弱，色相主要体现事物的固有色和冷暖感。

五、色彩混合方式

将两种或两种以上的色彩通过一定的方式混合或并置在一起，产生出新的色彩或新的视觉感受，这种混色方法叫作色彩混合。常见的色彩混合方式有加色混合、减色混合、并置混合。

1. 加色混合

加色混合也称色光混合，色光相加后产生新的色彩，适用于产生色光的电子媒介上，比如电视屏幕、计算机显示器、室内灯光色彩调节，常见于RGB系统。

色光的三原色红光、绿光、蓝光按1∶1∶1混合在一起产生白光，反射所有光波。色光的每一组混合产生比原来更浅色的色彩效果，不同量的原色混合产生不同的色彩，比如红色光和绿色光按不同量混合可以产生出黄色、橘色、棕色。

色光的三原色（红、绿、蓝）混合产生以下二级色彩。

红色（光）+蓝色（光）=洋红色（光）

红色（光）+绿色（光）=黄色（光）

绿色（光）+蓝色（光）=青色（光）

用原色与间色相调或用间色与间色相调而成的“三次色”是加色混合中最丰富的，千变万化，丰富异常，复色包括除原色和间色以外的所有颜色。可能是三个原色按照各自不同的比例组合而成，也可能由原色和包含有另外两个原色的间色组合而成。复色印刷图如图3—1—23所示。

a)

b)

c)

d)

图3—1—23　复色印刷图

a）RGB模式彩色原图　b）绿加蓝　c）红加蓝　d）红加绿

2. 减色混合

对画家、平面设计师等和颜料、染料、印刷工艺接触的人来说，常用的是减色混合，也称色料混合——不同的颜料相加产生新的色彩。色料混合和色光的加色混合原理截然不同，色料混合次数越多，颜色就会灰暗。

从理论上讲色料三原色（红色、黄色、蓝色）减色混合成黑色，吸收所有光波。着色剂（绘画颜料、涂料、服装染料、滤光片）的每一组混合或叠加产生比原来更暗色的色彩效果，色料混合吸收部分光波，反射部分光波。

三原色中的红色与黄色等量调配就可以得出橙色，红色与蓝色等量调配得出紫色，而黄色与蓝色等量调配则可以得出绿色。

红色＋黄色＝橙色

红色＋蓝色＝紫色

黄色＋蓝色＝绿色

在调配时，由于原色在分量多少上有所不同，所以能产生丰富的间色变化。比如红色和黄色按不同量混合可以产生出暖黄色、橙色、橘红色。

黑色和白色，以及黑色和白色混合而成的灰色系列，称为无色彩系。无色彩系在绘画上通常称为黑白灰系列。无色彩系只有明度的深浅，其中最亮为白色，最暗为黑色。无色彩系本身无色彩倾向，因其中性而容易受环境色影响。而红、橙、黄、绿、青、蓝、紫各色称为有色彩系。

要注意的是，在理想状态下颜料和涂料的原色是可以合成黑色的，但实际上由于颜色品质浓度或绘画的实际操作原因，最终色彩却显示为接近黑色的混浊暗色而不是纯黑色。在绘画颜料中，实际上用原红、原蓝、原黄只是接近三原色，它们几乎无法混合成纯黑色，多数颜料生产商采用“偏色”的方法去控制颜料的纯净程度。

印刷用的CMYK体系中，以Y（黄色）+C（青色）+M（洋红）为印刷色彩的三种基本色，而实际上，这三种颜色混合后却常显示为缺少层次，为了消除这种效果，在彩色印刷中，单独加入了K（黑色）颜料。图3—1—24所示为减少了不同颜色的色彩效果。

a)　b)　c)　d)　e)　f)

图3—1—24　减少了不同颜色的色彩效果图
a）CMYK印刷的彩色图　b）无黑色K　c）无黄色Y
d）无青色C　e）无青色C和洋红M　f)无洋红M

3. 并置混合

与加色或减色混合表现不一样的是，并置混合是一种视觉混合方式，就是眼睛对小色块进行视觉混合，由远处观看时，这些色彩在视网膜里混合，变成另一种色彩。并置混合后，色相与色光加色混合结果相同，其明度是混合色之平均明度，而其优点是混色后不减低明度。色光三原色按1：1：1并置后，从远处看，是灰色，而不是加色混合的白色，但是同样属于无色彩系，如图3—1—25所示。

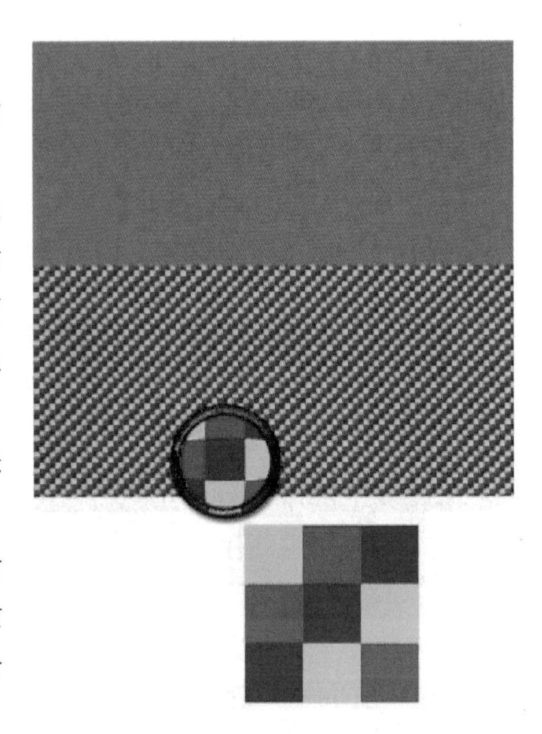

图3—1—25 色光三原色的并置混合

把色料三原色红、黄、蓝并置混合后，得到的效果并不是黑色，而是棕黄色。所以并置混合的色相效果和减色混合的色相效果不同，而是和色光混合的色相效果相同，如图3—1—26所示。

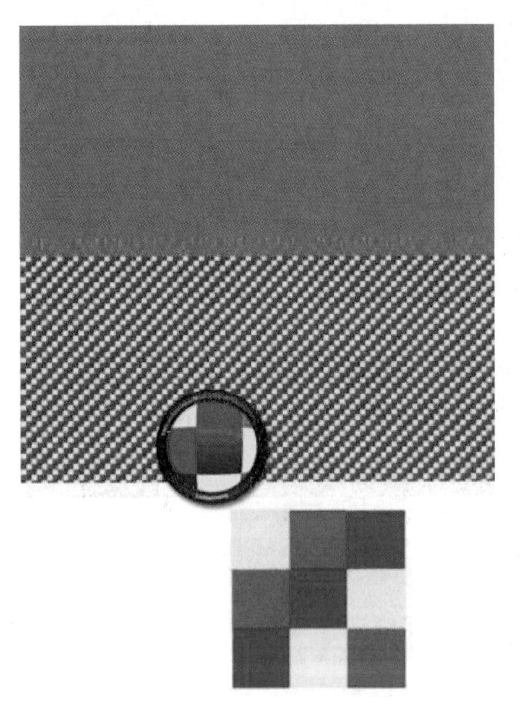

图3—1—26 色料三原色的并置混合

印刷网点就是利用了并置混合的视觉原理，把彩色原稿先利用分色原理分为洋红、黄、青、黑四个色版，每个色版再经由过网的处理，形成密布小点的网版（见图3—1—27）。套印4色后，即可得到具有4色的无数小点，由这些小点的并置混合，从一定距离看，这些点好像挤在一起、颜色也跟着混合，得到新的如同原稿的色彩。

以上三种成色原理在不同的媒介广泛应用。近年来，值得关注LED照明（见

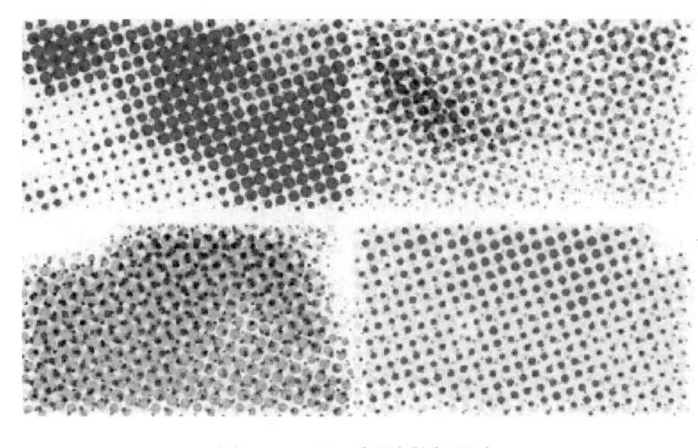

图3—1—27　印刷彩色网点

图3—1—28），随着社会经济的发展和人们生活水平的提高，人们对商业空间的要求也越来越高。照明是店铺空间的重要组成部分之一，灯光设计能够吸引和引导消费者的目光。通过空间光环境的塑造，塑造出引人入胜的展示空间和展示形象，越来越多的城市的照明也会用LED来营造光色氛围，展示都市的魅力（见图3—1—29）。

图3—1—28　不同色光的LED

图3—1—29　LED成为城市的照明主流

第二节　色彩心理表现

色彩心理学是十分重要的学科，在自然欣赏、社会活动方面，色彩在客观上是对人们的一种刺激和象征，在主观上又是一种反应与行为。

在心理上把色彩分为红、黄、绿、蓝四种，并称为四原色。通常红—绿、黄—蓝称为心理补色。任何人都不会想象白色从这四个原色中混合出来，黑也不能从其他颜色混合出来。所以，红、黄、绿、蓝加上白和黑，成为心理颜色视觉上的六种基本感觉。尽管在物理上黑是人眼不受光的情形，但在心理上许多人却认为不受光只是没有感觉，而黑确实是一种感觉，例如，看黑色的物体和闭着眼睛的感觉是不同的。

色彩的直接性心理效应来自色彩的物理刺激对人的生理发生的直接影响。心理学家对此曾经做过许多实验。他们发现，在红色的环境中，人的脉搏会加快，血压有所升高，情绪兴奋冲动。而在蓝色环境中，脉搏会减缓，情绪也较沉静。冷色与暖色是依据心理错觉对色彩的物理分类，波长长的红光、橙光和黄色光本身有暖和感；相反，波长短的紫色光、蓝色光、绿色光有寒冷的感觉。冷色与暖色还会带来其他一些感受。比方说，暖色偏重，冷色偏轻；暖色有密度强的感觉，冷色有稀薄的感觉；冷色有退却的感觉，暖色有逼近感。这些感觉都是偏向于对物理方面的印象，而不是物理的真实，它属于一种心理错觉（见图3—2—1、图3—2—2）。

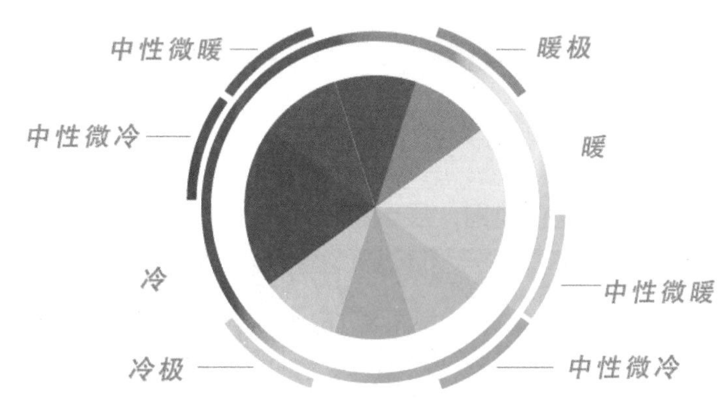

图3—2—1　冷暖色光

a)

b)

图3—2—2　冷暖对比

a）蓝色　b)黄色

色彩是一种视觉感受，客观世界通过人的视觉器官形成信息，使人们对它产生认识。视觉是人认识世界的开端之一。来自外界的视觉形象，如物体的形状、空间、位置以及它们的界限和区别都由色彩和明暗关系来反映。各种色彩的象征见表3—2—1。

表 3—2—1　各种色彩的象征

颜色	象征
红色	热情、活泼、热闹、革命、温暖、幸福、吉祥、危险
橙色	光明、华丽、兴奋、甜蜜、快乐
黄色	明朗、愉快、高贵、希望、发展、注意
绿色	新鲜、平静、安逸、和平、柔和、青春、安全、理想
蓝色	深远、永恒、沉静、理智、诚实、寒冷
白色	纯洁、纯真、朴素、神圣、明快、柔弱、虚无
黑色	崇高、严肃、坚实、沉默、黑暗、恐怖、绝望、死亡

一、红色的心理表现

红色的色感温暖，性格刚烈而外向，是一种对人刺激性很强的色。红色容易引起人的注意，也容易使人兴奋、激动、紧张和冲动，同时也是一种容易造成人视觉疲劳的色。图3—2—3是以红色为中心色的自然色调图，温暖的红色给人收获和成熟的喜悦感。图3—2—4是红色调室内设计，红黑搭配，色彩冲击力强烈。

图3—2—3　红色

1.在红色中加入少量的黄，会使其热力强盛，趋于躁动、不安。

2.在红色中加入少量的蓝，会使其热性减弱，趋于文雅、柔和。

3.在红色中加入少量的黑，会使其性格变得沉稳，趋于厚重、朴实。

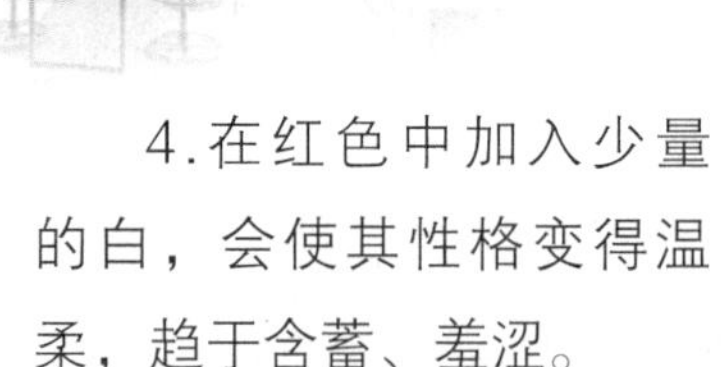

4.在红色中加入少量的白，会使其性格变得温柔，趋于含蓄、羞涩。

二、黄色的心理表现

图3—2—4 红色调室内设计

黄色的性格冷漠、高傲、敏感、具有扩张和不安宁的视觉印象。黄色是各种色彩中最为娇气的一种色。只要在纯黄色中混入少量的其他色，其色相感和色性均会发生较大程度的变化。图3—2—5是以黄色为中心色的自然色调图，黄色给人娇嫩清纯的感觉。图3—2—6是黄色调室内设计，给人清爽的感觉。

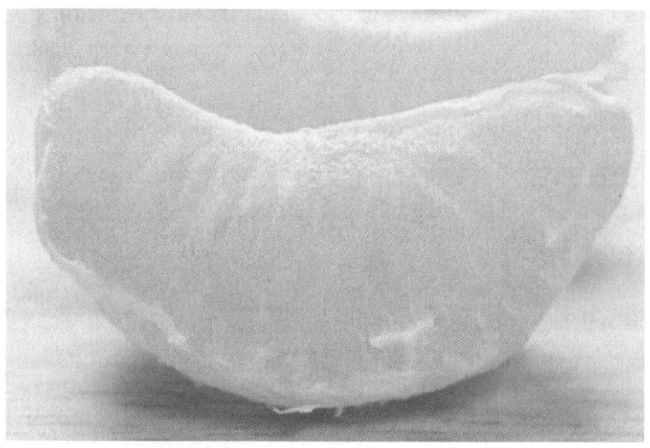

1.在黄色中加入少量的蓝，会使其转化为一种鲜嫩的绿色，其性格趋于一种平和、潮润的感觉。

2.在黄色中加入少量的红，则具有明显的橙色感觉，其性格会转化为一种有分寸感的热情、温暖。

3.在黄色中加入少量的黑，其色感和色性变化最大，成为一种具有明显橄榄绿的复色印象，其色性也变得成熟、随和。

4.在黄色中加入少量的白，其色感变得柔和，其性格趋于含蓄，易于接近。

图3—2—5 黄色

图3—2—6　黄色调室内设计

三、蓝色的心理表现

蓝色的色感冷嘲热讽，性格朴实而内向，是一种有助于人头脑冷静的色。蓝色的朴实、内向性格，常为那些性格活跃、具有较强扩张力的色彩，提供一个深远、平静的空间，成为衬托活跃色彩的友善而谦虚的朋友。蓝色还是一种淡化后仍然能保持较强个性的色。如果在蓝色中分别加入少量的红、黄、黑、橙、白等色，均不会对蓝色的性格构成较明显的影响力。

图3—2—7　蓝色

图3—2—7是以蓝色为中心色的自然色调图，蓝色是一种幽静的颜色，总让人联想起天空和海洋。图3—2—8是蓝色调室内设计，蓝色代表幽静祥和。

图3—2—8 蓝色调室内设计

四、绿色的心理表现

绿色是具有黄色和蓝色两种成分的色。在绿色中，将黄色的扩张感和蓝色的收缩感相中庸，将黄色的温暖感与蓝色的寒冷感相抵消。这样使得绿色的性格最为平和、安稳，是一种柔顺、恬静、满足、优美的色。图3—2—9是以绿色为中心色的自然色调图，绿色很自然让人联想起春天，这是属于春天的色彩。图3—2—10是绿色调室内设计，辅以白色，恬静、清爽。

图3—2—9 绿色

1.在绿色中加入少量的黄，其性格就趋于活泼、友善、幼稚。

2.在绿色中加入少量的黑，其性格就趋于庄重、老练、成熟。

3.在绿色中加入少量的白，其性格就趋于洁净、清爽、鲜嫩。

图3—2—10　绿色调室内设计

五、紫色的心理表现

紫色的明度在所有彩色色料中是最低的。紫色的低明度给人一种沉闷、神秘的感觉。图3—2—11是以紫色为中心色的自然色调图，紫罗兰和薰衣草是紫色的代表，冷艳而高贵。图3—2—12是紫色调室内设计，紫色是一种优雅的颜色，沉静、神秘。

图3—2—11　紫色

1.在紫色中加入少量的红，其知觉具有压抑感、威胁感。

2.在紫色中加入少量的黑，其感觉就趋于沉闷、伤感、恐怖。

3.在紫色中加入少量的白，可使紫色沉闷的性格消失，变得优雅、娇气，并充满女性的魅力。

图3—2—12 紫色调室内设计

六、白色的心理表现

白色的色感光明，性格朴实、纯洁、快乐。白色具有圣洁的不容侵犯性。如果在白色中加入其他任何色，都会影响其纯洁性，使其性格变得含蓄。图3—2—13是以白色为中心色的自然色调图。图3—2—14是白色调室内设计，白色是一种洁净、淳朴、非常安静的色调。

1.在白色中加入少量的红，就成为淡淡的粉色，鲜嫩而充满诱惑。

2.在白色中加入少量的黄，则成为一种乳黄色，给人一种香腻的印象。

3.在白色中加入少量的蓝，给人清冷、洁净的感觉。

4.在白色中加入少量的橙，有一种干燥的气氛。

5.在白色中加入少量的绿，给人一种稚嫩、柔和的感觉。

图3—2—13 白色

图3—2—14 白色调室内设计

七、黑色的心理表现

黑色在视觉效果上是一种消极性的色彩，但在表现领域中不同的对比效果会使这种消极性发生变化。使用得当时，黑色具有稳定、高贵和深沉的效果。黑色与其他色彩组合时，属于极好的衬托色，可以充分显现其他色的光感和色感，红与黑的组合表示高贵，白与黑组合最朴素、最分明，内涵最丰富。

图3—2—15是以黑色为中心色的自然色调图，黑白对撞。图3—2—16是黑色调室内设计，沉稳、大气。

图3—2—15 黑色

图3—2—16 黑色调室内设计

八、灰色的心理表现

从光学角度来看，灰色居于白色与黑色之间，属无彩色；从生理角度看，它对眼睛的刺激适中，属于最不容易感到疲劳的色。因此，人们对它反应平淡，具有抑制情绪的作用。但灰色是复杂的色彩，漂亮的灰色常常要优质的原料和精心配制才能产生，能给人以高贵、精致、含蓄和耐人寻味的印象。

图3—2—17是以灰色为中心色的自然色调图，成熟的色彩。图3—2—18是灰色调室内设计，灰色是一种低调的高贵。

图3—2—17 灰色

图3—2—18　灰色调室内设计

九、金色的心理表现

金色在工艺美术上也称中间色，它们是质地坚硬，表层平滑，反光能力很强的物体色，但同时也可以起着很好的调和作用。主要指金、银、铝、塑料、有机玻璃的固有色。其中金、银等贵重金属颜色容易给人以辉煌、高级、珍贵、华丽的印象。塑料、有机玻璃、电化铝等近代工业产物容易给人以时髦、气派的现代感。金色属于装饰功能和实用功能特别强的色彩，在建筑装饰行业中应用十分广泛。

图3—2—19　金色

图3—2—19是以金色为中心色的自然色调图。图3—2—20是金色调室内设计，金色代表奢华和高贵。

图3—2—20 金色调室内设计

第三节 写生色彩观察方法

观察色彩的冷暖和画面的色调是写生的关键。一般情况下，决定物体色彩变化的因素主要有：物体自身的固有色、一定类型的光源色和周围的环境色。固有色、光源色、环境色作为一个有机的整体，称为条件色。

色彩关系确定是关键。初学者往往会孤立地观察某一个局部，只在邻近的小色块中比较，看到的是局部的色彩，把握不住物象的色彩倾向，更不可能观察到整体色调。要求把对象的局部色彩摆在统一的整体中观察比较，使各部分关系正确协调。具体来讲就是比色调、比明度、比冷暖。

一、比色调

在自然环境中，一定明度、色相的光源会使固有色不同的物体具有相同的色彩倾向，这种整体的色彩倾向在绘画中称为色调，是画面统一的关键。例如，冷光使画面的色调变冷，暖光使画面的色调变暖；黄色光源使画面呈现黄调，红色光源使画面呈现红调。色调是一幅画的色彩指挥，色调把握准确与否直接影响画面的效果。

色调直接体现着画家的情感和艺术素养，色调代表画家的审美情趣，代表画家

图3—3—1 晚钟（米勒作）

的思想感情和个人意志。例如，法国画家米勒的作品经常使用金黄色调，他的作品《晚钟》（见图3—3—1）描绘黄昏晚霞中一对年轻夫妇祈祷的情形，画面没有太多的细节刻画，通过浓浓的金黄色调子，使观众感受到暮色深沉，仿佛听到了远处教堂的钟声和年轻夫妇祈祷，表达了米勒对劳动人民的深厚感情。

又如《伏尔加河上的纤夫》（见图3—3—2），列宾的代表作，在这幅画的构图上，列宾利用了金黄色的调子，使十一个纤夫犹如一组雕像，被塑造在一座黄色的、高起的底座上，使这幅画具有宏伟深远的张力。画中的背景运用的颜色昏暗迷蒙，空间空旷奇特，给人以惆怅、孤独、无助之感，切实深入到纤夫的心灵深处，亦是画家心境的真实写照，这对画旨的体现、情感的烘托起了极大的作用。

图3—3—2 伏尔加河上的纤夫（列宾作）

1. 以明度为主的色调

明度就是色彩的敏感程度，在绘画和设计作品中所指的是色彩的明暗色调。主要表现为单一色相以明度对比为主的色调和多色相以明度对比为主的构成色调，在具体描绘和设计中，总体原则是按照色彩的生理、心理及其象征意义进行色调的明暗处理和表现的（见图3—3—3、图3—3—4）。

a)　　b)　　c)

图3—3—3 以明度为主的色调

a）高明度色调　b）中明度色调　c）低明度色调

a)

b)

c)

图3—3—4 以明度为主的色调之室内设计

a）高明度色调　b)中明度色调　c)低明度色调

（1）色彩以明度对比为主构成的色调（见表3—3—1）。

表 3—3—1　以明度对比为主构成的色调

高明度色调画面	高明度色彩占画面的 70% 左右，称为高明度色调
中明度色调画面	中明度色彩占画面的 70% 左右，称为中明度色调
低明度色调画面	低明度色彩占画面的 70% 左右，称为低明度色调
九小调	高长调、高中调、高短调 中长调、中中调、中短调 低长调、低中调、低短调

（2）色彩明度三大色调的象征意义（见表3—3—2）。

表 3—3—2　明度三大色调的象征意义

绘画色彩明度三大色调	积极的象征	消极的象征
高明度色调画面	清晰明快，晴空万里 积极活泼，心情愉快	冷淡，软弱 无助，消极
中明度色调画面	朴实无华，安稳恬静 老练成熟，平凡庄重	贫穷，呆板 消极，懈怠
低明度色调画面	坚强勇敢，浑厚结实 平静沉稳，刚毅正直	黑暗，阴险 哀伤，失落

2. 以纯度为主的色调

纯度指色彩的纯净程度、饱和度，纯度又叫彩度（见图3—3—5、图3—3—6）。

a)　　b)　　c)

图3—3—5　以纯度为主的色调

a）高纯度色调　b)中纯度色调　c)低纯度色调

a)　　b)

c)

图3—3—6　以纯度为主的色调在室内设计中的应用

a)高纯度色调　b)中纯度色调　c)低纯度色调

（1）色彩以纯度对比为主构成的色调（见表3—3—3）。

表 3—3—3　色彩以纯度对比为主构成的色调

高纯度色调画面	高纯度色彩占画面的 70% 左右，称为高纯度色调
中纯度色调画面	中纯度色彩占画面的 70% 左右，称为中纯度色调
低纯度色调画面	低纯度色彩占画面的 70% 左右，称为低纯度色调
九小调	鲜强调、鲜中调、鲜弱调 中强调、中中调、中弱调 灰强调、灰中调、灰弱调

（2）色彩纯度三大色调的象征意义（见表3—3—4）。

表 3—3—4　色彩纯度三大色调的象征意义

色彩纯度三大色调	积极的象征	消极的象征
高纯度色调画面	快乐，热闹，活泼，聪明	恐怖，凶险，刺激，残暴
中明纯色调画面	中庸，可靠，文雅，稳重	灰暗，消极，担心，脆弱
低明纯色调画面	耐用，超俗，安静，自然	突起，模糊，悲观，灰心

3. 以色相为主的色调

在绘画色调中，色相色调指的是画面色彩倾向，如红色调画面、蓝色调画面、黄色调画面、绿色调画面、紫色调画面等，一般画面色彩倾向较明确的色彩相对较纯。

（1）类似色相对比色调。在色相环上0°～45° 的对比为类似色相对比，这种色彩就是类似色相对比色调画面，总体特点是和谐、雅致、优美、统一。图3—3—7是绿色调（色相环上夹角为0°～45° 的绿色）画面的类似色相对比色调，见表3—3—5。图3—3—8、图3—3—9和图3—3—10所示为类似色相对比色调在室内设计中的应用。

a)　　b)　　c)

图3—3—7　类似色相对比色调

a)高纯度类似色相色调　b)中纯度类似色相色调　c)低高纯度类似色相色调

表 3—3—5　类似色相对比色调

高纯度类似色相色调	没混入黑白灰状态下的相对纯净的色彩组合，画面清晰有量感、协调统一
中纯度类似色相色调	由于混入了适量的黑白灰所致，画面柔和、雅致、温馨
低纯度类似色相色调	由于混入大量的黑白灰，调和感强，画面深沉、老练、成熟、和谐统一

图3—3—8　类似色相对比色调（绿色调）

图3—3—9　类似色相对比色调（灰色调）

图3—3—10　类似色相对比色调（粉色调）

（2）互补色的色调。在色相环上0°～100°的色相与100°～160°的色称为互补关系。总体特点：色彩鲜明、强烈、兴奋、不单调。图3—3—11是红色调（色相环上夹角为0°～100°的橙红到紫红）和蓝色调（色相环上夹角为100°～160°的蓝色）画面的互补色对比色调，见表3—3—6。图3—3—12、图3—3—13和图3—3—14所示为互补色对比在室内设计上的应用。

a)　　b)　　c)

图3—3—11　互补色对比色调

a）高纯度对比色调　b)中纯度对比色调　c)低纯度对比色调

表3—3—6　互补色的色调

高纯度对比色调	所参与的色彩都没有混入黑白灰，其色彩属性纯度相对较高。色相明确，对比强烈，又不失统一。
中纯度对比色调	所参与的色彩都混入适量的黑白灰，其色彩属性纯度相对较低。调和感强、含蓄、沉着、冷静。
低纯度对比色调	所参与的色彩都混入大量黑白灰，其色彩属性纯度最低，色相含蓄、调和感最强、沉稳、稳定。

图3—3—12 紫粉和青黄

图3—3—13 紫粉和黄绿

图3—3—14 米黄和天蓝

（3）以冷暖为主的色调。由色彩所具有的冷暖差别所形成的对比为冷暖对比，这种色调就是以冷暖对比为主构成的色调，大致可分为冷色调、中性微冷色调、中性微暖色调和暖色调。图3—3—15所示为四幅冷暖对比图像，冷色调为蓝白色画面，给人冰冻的感觉；中性微冷色调为青绿色画面，给人凉快的感觉；中性微暖色调为紫色画面，给人微暖的感觉，暖色调画面为橙黄色画面，给人炽热的感觉，见表3—3—7。

a)　b)　c)　d)

图3—3—15　以冷暖为主的色调
a）中性微冷色调　b）冷色调　c）中性微暖色调　d）暖色调

表 3—3—7　冷暖色调

冷色调	冷色占画面70%以上的色彩构成为冷色调
中性微冷色调	微冷色占画面70%以上的色彩构成为微冷色调
中性微暖色调	微暖色占画面70%以上的色彩构成为微暖色调
暖色调	暖色占画面70%以上的色彩构成为暖色调

二、比明度

比明度就是比较黑、白、灰关系。现实环境中物体的明暗变化十分丰富，拿静物课题来分析，静物从亮部到暗部，就可以分为高光、灰、中灰、暗灰、次暗、最暗等无数层次，在写生中想把这些变化照抄下来是不可能的，而且结果往往使画面苍白无力，缺乏艺术感染力。正确的处理方法应该根据对象的特点，进行层次归纳，将画面分为黑、白、灰三个主要层次或者黑、深灰、中灰、浅灰、白等几个主要层次，其他层次概括表现，反而灰显得丰富，有内涵。层次太多会造成层次之间的界限不清，失去层次效果。黑、白、灰色块的比例决定属于亮调、灰调或者暗调。以白色块为主的是亮调子，以灰色块为主的是灰调子，以黑色块为主的是暗调子。

以色彩的明度作为配色的主体思路。色彩从白到黑的两端靠近亮的一端的色彩称为高调，靠近暗的一端的色彩称为低调，中间部分为中调；明度反差大的配色称为长调，明度反差小的配色称为短调，明度反差适中的配色称为中调。

1. 高短调配色

以高调区域的明亮色彩为主导色，采用与之稍有变化的色彩搭配，形成高调的弱对比效果。它轻柔、优雅，常常被认为是富有女性味道的色调。如浅淡的粉红色、明亮的灰色与乳白色，米色与浅驼色、白色与淡黄色等，适合于轻盈的女装及男夏装。

2. 高中调配色

以高调区域的明亮色彩为主导色，配以不强也不弱的中明度色彩，形成高调的中对比效果，其自然、明确的色彩关系多用于日常装中，如浅米色与中驼色，白色与中绿色，浅紫色与中灰紫等。

3. 高长调配色

以高调区域的明亮色彩为主导色，配以明暗反差大的低调色彩，形成高调的强对比效果。它清晰、明快、活泼、积极，富有刺激性。如白色与黑色，月白色与深灰色等。

图3—3—16所示为高调的明度对比，以色彩的明度作为配色的主体思路，以高调区域的明亮色彩白色为主导色，高短调配色是白色和淡黄色，采用与之稍有

变化的色彩黄色搭配；高中调配色是白色和草绿色，配以不强也不弱的中明度色彩草绿色；高长调配色为白色和黑色，配以明暗反差大的低调色彩黑色，形成强烈对比。图3—3—17所示为高调的明度对比应用。

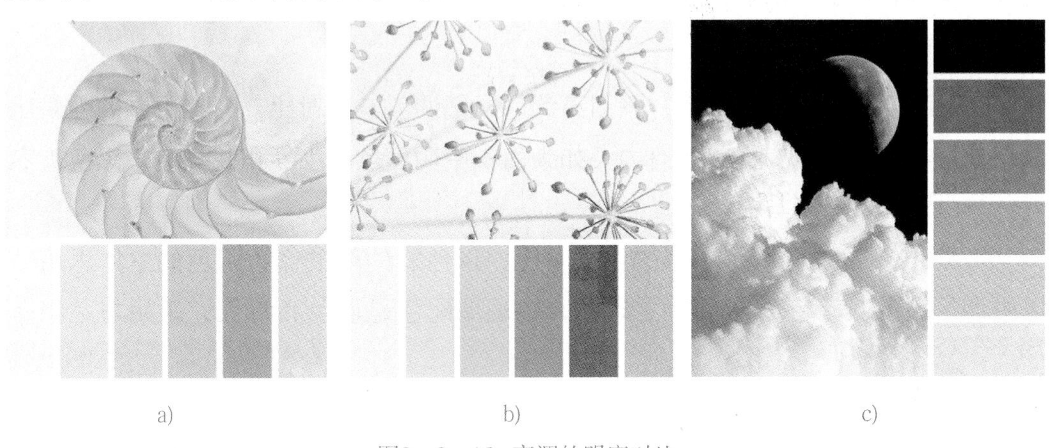

a)　　b)　　c)

图3—3—16　高调的明度对比

a）高短调配色　b)高中调配色　c)高长调配色

图3—3—17　高调的明度对比应用

4. 中短调配色

以中调区域色彩为主导色，采用稍有变化的色彩与之搭配，形成中调的弱对比效果，它含蓄、朦胧。如灰绿色与洋红色，中咖啡色与中暖灰等。

5．中中调配色

以中调区域色彩为主导色，配以比中明度稍深或稍浅的色，形成不强不弱的对比效果，具有稳定、明朗、和谐的效果。

6．中长调配色

以中调区域色彩为主导色，采用高调色或低调色与之对比，形成中调的强对比效果。它丰富、充实、强壮而有力。如大面积中明度色与小面积的白色、黑色，枣红色与白色，牛仔蓝与白色等。

如图3—3—18所示，中调的明度对比，以色彩的明度作为配色的主体思路，以中调区域的灰暗色彩蓝色为主导色，中短调配色是蓝色和青色，采用与之稍有

a)　　b)　　c)

图3—3—18　中调的明度对比

a）中短调配色　b)中中调配色　c)中长调配色

变化的色彩青色搭配；中中调配色是蓝色和土黄色，配以不强也不弱的中明度色彩土黄色；中长调配色是蓝色和白色，配以明暗反差大的低调色彩白色，形成中调的强对比效果。图3—3—19所示为中调的明度对比应用。

图3—3—19　中调的明度对比应用

7. 低短调配色

以低调区域色彩为主导色，采用与之接近的色彩搭配，形成低调的弱对比效果。它沉着、朴素，并带有几分忧郁。如深灰色与枣红色、橄榄绿与暗褐色等。男性冬装多用这种调子，显得稳重、浑厚。

8. 低中调配色

以低调区域色彩为主导色，配以不强也不弱的中明度色彩，形成低调的中对比色效果。它庄重、强劲，多适合男装和女秋冬装的配色。如深灰色与土色、深紫色与钴蓝色、橄榄绿与金褐色等。

9. 低长调配色

以低调区域色彩为主导色，采用反差大的高调色与之搭配，形成低调的强对比效果。它压抑、深沉、刺激性强，有爆发性的干扰力。如深蓝色与本白色、深棕色与米黄色等。

图3—3—20所示为低调的明度对比，以色彩的明度作为配色的主体思路，以低调区域的灰暗色彩深棕色为主导色，低短调配色是深棕色和枣红色，采用与之稍有变化的色彩枣红色搭配；低中调配色是深棕色和紫色，采配以不强也不弱的中明度色彩紫色搭配；低长调配色是深棕色和粉黄色，配以明暗反差大的低调色彩粉黄色，形成强烈对比。

a)　　b)　　c)

图3—3—20　低调的明度对比

a）低短调配色　b)低中调配色　c）低长调配色

图3—3—21所示为低调的明度对比应用。

10. 最长调配色

最长调配色是指黑白两种色彩各占1/2的搭配关系。色彩单纯，视觉效果极为强烈，具有尖锐、简单的特性，是设计师常用的配色手法（见图3—3—22）。

图3—3—23所示为最长调的明度对比应用。

图3—3—21 低调的明度对比应用

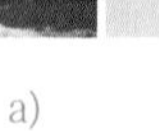

a)

b)

c)

图3—3—22 最长调的明度对比

a）长短调 b)长中调 c)长长调

图3—3—23 最长调的明度对比应用

三、比冷暖

色彩冷暖对比规律是色彩学中普遍存在的一条重要规律，能否生动地运用色彩表现，关键在于冷暖关系的处理。在写生色彩中，习惯把左边蓝色区域的色环部分的色彩称为冷色系，把右边的色环部分的色彩称为暖色系（见图3—3—24）。

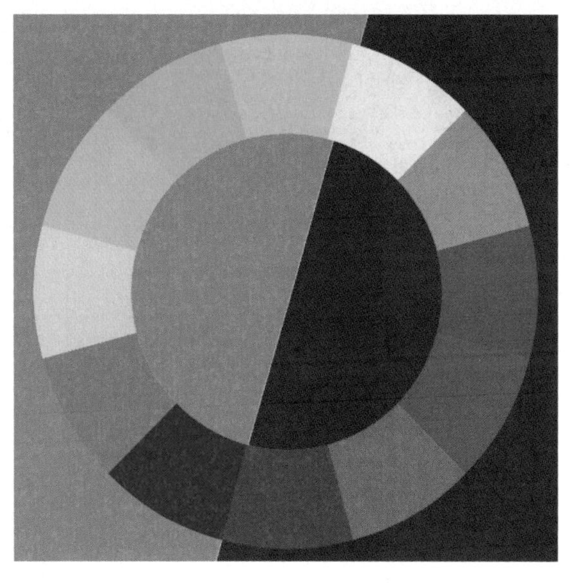

图3—3—24　冷暖色系

画面色彩的冷暖传达了意境，是艺术情感的体现。图3—3—25所示为凡•高的《星夜》，图3—3—26所示为《向日葵》，分别是冷暖两种色彩的经典之作。《星夜》这幅画中呈现两种线条风格，一种是弯曲的长线，另一种是破碎的短线。二者交互运用，使画面呈现出炫目的奇幻景象。全画的色调呈蓝绿色，画家用充满运动感的、连续不断的、波浪般急速流动的笔触表现星云和树木；在他的笔下，星云和树木像一团正在炽热燃烧的火球，正在奋发向上，具有极强的表现力。

图3—3—25　星夜

《向日葵》作于阳光明媚灿烂的法国南部，画面像闪烁着熊熊火焰，满怀炽热的激情，令仿佛旋转不停的笔触是那样粗厚有力，色彩的对比也是单纯强烈。然而，在这种粗厚和单纯中却又充满智慧和灵气，凡•高笔下的向日葵不仅仅是植物，而是带有原始冲动和热情的生命体。

图3—3—26 向日葵

1. 冷暖色彩比较方法

色彩的冷暖比较首先要确定画面的黑、白、灰关系，在此基础上进行比较。冷暖比较主要在同类明度的色层中进行，即白色块与白色块相比较，灰色块与灰色块相比较，黑色块与黑色块相比较。

初学者观察色彩冷暖变化的时候常会在明度不同的色块间错误地进行比较，结果往往陷入混乱的被动局面。明度不同的色块，一般不需要进行冷暖比较，因为不同明度的色块或物象如果色相分明，冷暖变化也已分明，无须比较；色相如果差别不明显，冷暖方面的微小差别不会影响画面的色彩效果，没有必要在此费力比较冷暖变化。

2. 色彩冷暖的相对性原则

例如，相对于蓝色来说，红色属于暖色，但同样红色之间的比较中有偏冷的红、偏暖的红，同样任何一种颜色当中都有冷暖上的差异性，在理解这一原则的基础上，不难理解在作画过程中应该如何去画暖色物体时上的冷色，其实并不一定要那个颜色是冷的，而是相比较固有色来有些偏冷的感觉。反之，冷色也是如此。

使静物亮部产生冷调，而暗部却形成暖调。由于这种对比，互相加强了色彩效果。拿一块冷暖调子不太明显的灰颜色放在红色旁边，灰色就有冷的倾向，如放在蓝色旁边，灰色就感到暖了（见图3—3—27）。因而在强烈的对比中间注意灰色的配合对画面可以取得很好的效果，使冷暖色更具有特性，而且加强了色彩的丰富感。对冷暖色（也就是补色）的运用，在有些情况下要注意面积大小的配置，如红绿色是补色，同样大小的红绿放在一起就很不舒服，如果绿色大，红色面积小，或者色度不同，就显得适当、协调，万绿丛中一点红就不会媚俗。

从冷暖来看，有些色彩的冷暖区别很明显，如浅绿、蓝、紫是冷色（见图3—3—28），黄、红、橙是暖色（见图3—3—29），也有些色彩的冷暖区别比较

a)

b)

图3—3—27　冷暖对比

a）灰色显暖　b)黄色显冷

细微，如黄绿与蓝绿、红紫与青紫等，但每一个色彩都有这种冷暖的现象，或者是冷暖的倾向。冷暖对比也就是补色对比，如三原色中的黄与紫(红加蓝产生紫)、红与绿（黄加青产生绿）、蓝与橙（黄加红产生橙）都是补色对比。冷色与暖色相邻时会产生相互争斗而使颜色更鲜明，通俗地说也就是两个相反的性格放在一起，会更加表现出各个性格的特点，这就是补色对比或冷暖对比。

a)

b)

c)

图3—3—28 冷色的室内

a）浅绿 b）蓝 c）紫

a)

b)

c)

图3—3—29 暖色的室内

a）黄　b）红　c）橙

第四节　水粉画写生

学习色彩使用较多的是水粉画，它具有较强的表现力，既可湿画薄涂，又可干画厚砌，具有快捷、简便的特点，水粉画是以水调和不透明的粉质颜料绘成的画，水粉画比水彩画颜色显得厚重，可以表现一些更有内容的题材，比油画色彩更鲜亮，虽然没有油画真实，但更浪漫，所以，多用水粉画的形式制作宣传画和电影海报、招贴、商品包装、广告、书籍封面设计等。

一、工具材料

使用水调和粉质颜料可以绘制成水粉画。其表现特点为处于不透明和半透明之间，色彩可以在画面上产生艳丽、柔润、明亮、浑厚等艺术效果，水粉画具有一套完整而系统的、与其他画种不同的技法，成为在绘画领域中具有群众基础而又受专业画家所钟爱的一个独立画种，进而显示出独特的美学价值和艺术风貌。

学习色彩使用较多的是水粉画，它具有较强的表现力，既可湿画薄涂，又可干画厚砌，具有快捷、简便的特点，广泛应用于绘画以及工艺美术设计等方面，水粉画的普通作画工具如图3—4—1所示。

1. 纸和笔

（1）水粉画纸。以吸水适中、质地结实且纸面略带格纹的纸张为好（一般要求有120克以上），专用的水粉纸表面有圆点形的坑点，原点凹下去的一面是正面。水粉画常用的纸有素描纸、水粉纸、绘图纸、水彩纸。这些纸张颜色附着力强，适合干湿画法，可反复修改。进行静物、风景和人物写生时，应该使用四开或者半开的画幅，便于深入研究。作画前应把纸裱在画板上，晾干再用。

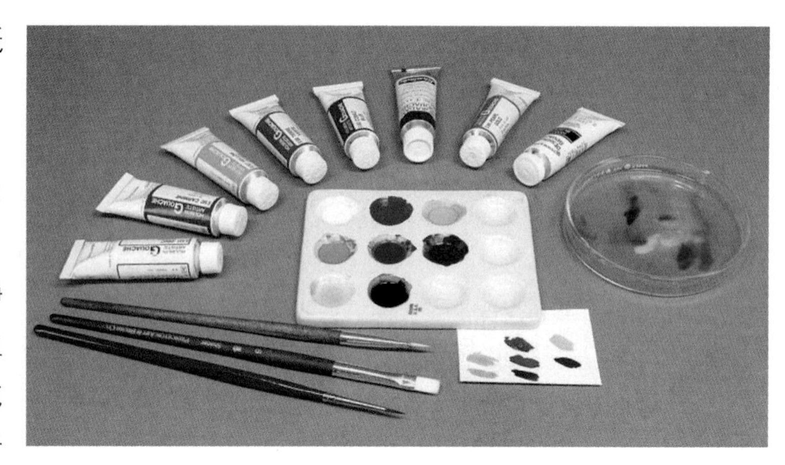

图3—4—1 水粉画的普通作画工具

（2）画笔。结合表现技法需要，选用大小、软硬和吸水性能不同的画笔，切忌作画只有一支笔。水粉画一般使用水粉笔，同时根据表现的需要结合油画笔、底纹笔作画。选用工具从个人作画特点出发，初学阶段熟悉画笔特性尤为重要。

1）羊毫。特点是含水量较大，蘸色较多，优点是一笔颜色涂出的面积较大，缺点是由于含水量太大，画出的笔触容易浑浊，不太适合于细节刻画。

2）狼毫。特点是含水量较少，比羊毫的弹性要好，适合于局部细节的刻画。

3）尼龙毛笔。选择尼龙毛笔时，要特别注意它的质地，要软且具有弹性，切忌笔锋过硬。笔锋过硬的笔往往很难蘸上颜料，在画面上容易拖起下面的颜色，使覆盖力大为降低。选择笔的形状时，不同种类都选择一些，如扁头、尖头、刀笔等，以备不同场合、不同题材的作画之需。

2. 调色工具

水粉画常用的调色工具有调色板、调色碟和调色盒，这三个调色工具之间可以相互调用，灵活使用调色工具能让绘画更得心应手。

（1）调色板。是绘画时用以调和颜料的平板形画具。调色板是画家创作时的起跳板，但作为油画的必备工具，它能代表画家的个性和工作精神。有的画家在着色前用调色板作颜色稿，探求色彩大的结构关系，然后调足量将这些颜色搬上画面。

调色板上颜料的基本排列有一定的规律，这样可以比较方便地寻找颜料并不易

使颜色变脏，颜料排列通常有以下几种方式：一种是由白色开始依次按色彩的色相和明度从浅色到深色、从暖色到冷色排列；另一种是以白色为中心，将冷色暖色分开按深浅向两边排列；另外，可以在每种主要颜色的下面再加上用白色调和过的同种浅色。

（2）调色碟。和调色板差不多，也是方便捧在手中取颜料作画的工具，调色碟状如飞碟，故得名，它一般都分割为一圈格子，避免各种颜色的混合，同时也方便各种颜色的分类。

（3）调色盒。也叫颜料盒，是水彩画和水粉画调色的用具（见图3—4—2）。塑料调色盒是比较理想的调色工具，储存颜料比较方便，结合调色板使用效果更好。调色盒的颜料排列一般方法是把同类色按次序排列在一起，便于比较区分。

图3—4—2　装色后的调色盒

调色盒在结构上有两种：一种是翻盖式的，盖上有孔，拇指伸进便于托拿，这种调色盒较轻便，但盛颜料较少，适用于外出写生。另一种是掀盖式的，盛颜料较多，因为盒盖与盒身脱离且没有孔，只能放在桌上使用，适用于在室内画较大的作品。

3. 工具箱

水粉画工具箱用来装纳各种画画的工具，一般来说，有简易工具箱和综合工具箱，作画所需的工具大多可以归纳在里面。

4. 颜料和水

（1）水粉颜料（见图3—4—3）。大部分颜色是比较稳定的，常用水粉颜料颜色品种有白、柠檬黄、中黄、土黄、橘黄、橘红、朱红、深红、桃红、青莲、群青、湖蓝、钴蓝、普蓝、翠绿、粉绿、橄榄绿、墨绿、土红、赭石、熟褐、黑等。颜料的色素分植物和矿物质两大类。

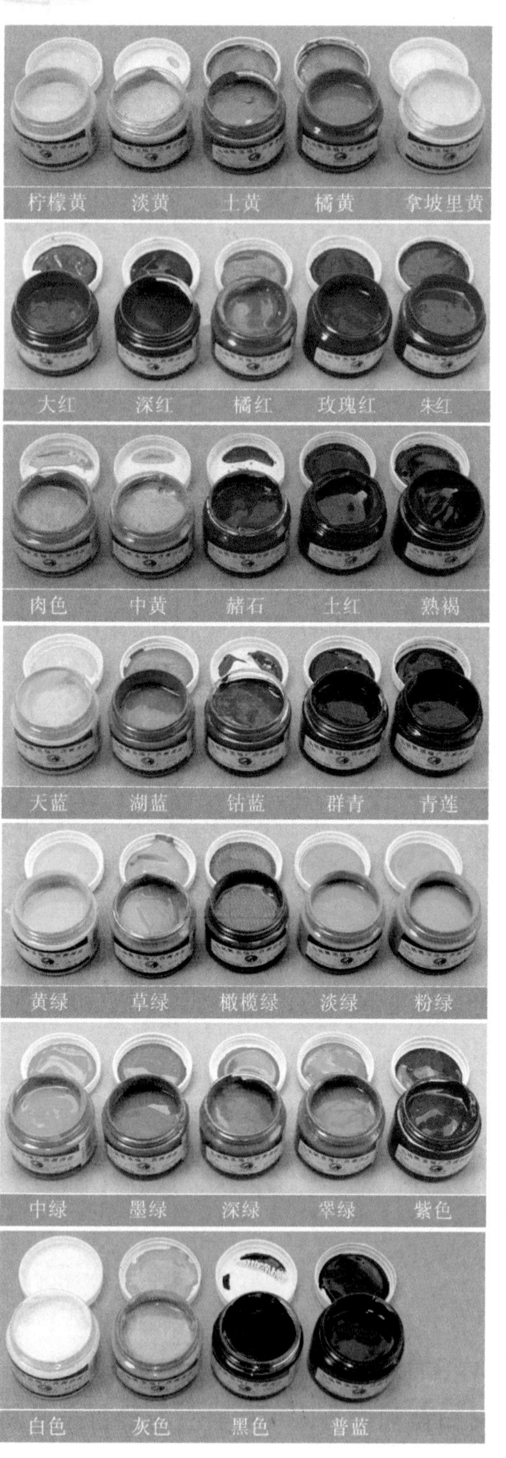

图3—4—3 各种水粉颜料

水粉颜料中的深红、玫瑰红、青莲、紫罗兰等颜色极不稳定，容易出现翻色，不易覆盖。水粉颜色的透明色彩种类较少，只有柠檬黄、玫瑰红、青莲等少数几种颜色，要画好水粉画就必须充分掌握水粉各颜料的个性，了解它的受色能力强弱、覆盖能力大小、色价高低。这些问题都要通过不断实践，做到熟能生巧。水粉颜料也分很多规格，还有不同的色彩组合。

有些颜料的渗透性比较强，干了以后色彩效果会产生一定的差异（如青莲、桃红、群青等），这是水粉颜料的特点，作画时要充分考虑这些因素。按一定规律在调色盆里排列颜色，可以给作画带来很大的方便。

水粉画用白颜色来提高色彩的明度，增强画面的明快感，这是水粉画与水彩画的不同之处。写生过程中要把握好含粉量大的颜料的特性，过多使用会降低色彩的饱和度，使画面苍白无色。暗部尽量不用或少用白颜色，以免导致色彩混浊的后果。

（2）水。水的使用在水粉画中虽然不及水彩画中那样重要，但也是不可忽视的。水主要是起稀释、媒介的作用。调色、用笔和色层薄变化，都与水的使用有密切关系。在作画过程中，水太脏了要及时换。尤其是画色彩鲜明的部位，调色用水要洁净。

二、静物写生

写生的步骤方法是绘画技能的一个组成部分，任何人都会有在长期实践中形成的作画方法和步骤，可是它不是一种固定的唯一的机械公式。正确的步骤方法，自始至终体现着作者对一幅作品想要达到某种要求和效果的总体构想。它也必然反映作者的观察方法、艺术素养和技法水平。

1. 写生步骤

静物变化多样，表现内容也更丰富，如从形体特征到明暗色调，从体积塑造到色感、质感、量感的表现等。因此，在方法步骤上更需要强调作画的整体观念，严格遵循“整体—局部—整体”的作画程序。

绘画正确的观察方法应当是整体的观察方法，在作画的每一个阶段，都要遵循整体进行的原则，先整体进行，再局部刻画，最后整体协调。静物写生的具体步骤如下：

（1）构思阶段。动笔之前，先对整组静物进行认真的观察和感受，对画面的构图、主次关系、光线、色调等有一个整体的认识，做到心中有数；同时，对作画步骤、表现方法有一个思考和计划。然后再开始构图起稿。起稿时，先用铅笔或直接用单纯的色彩，确定整组静物在画面中的布局限性每个物体具体的位置和形状。在这个阶段，一定要整体观察物体，注意物体和物体之间、物体和整体之间的关系。

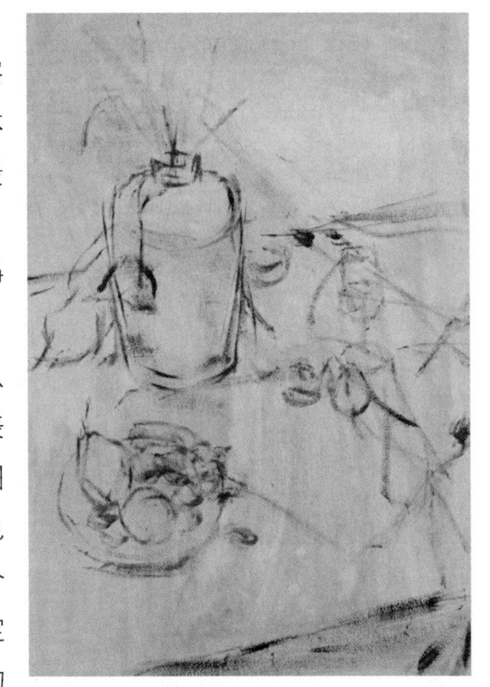

图3—4—4　构思起稿

如果用色彩直接起稿，可选择群青、熟褐等不含粉质的颜色，在画出物体形状的同时用稀薄的单色把物体明暗、结构等素描关系表现出来。这一遍颜色不宜过厚，以免影响以后的颜色深入。

以一组静物水粉画为例，在构思阶段，先用水粉亮色刷个底，再使用偏绿褐色起稿，勾画出花瓶、台布和水果组合的轮廓，确定画面构图。注意画面的前后、透视、大小、疏密变化，力求做到有主有次，主题突出,如图3—4—4所示。

（2）打轮廓、构图阶段。从本质上讲，打轮廓就是运用几何化归纳法，去观察、分析客观物象的过程。具体地认识和把握物象外在的形体特征和内在的形体结构，以及物象特别是组成物象在画面的结构形式。打轮廓要抓整体、抓大形、抓大关系。在这里，几何化归纳法起着决定性作用。

1）观察。面对一组静物要多角度观察，同一组静物在不同角度、不同光线、不同组合关系条件下，往往给人以不同的感觉。通过多角度观察，往往会发现新的审美情趣，获得新的感觉，带来新的构图形式和表现形式的联想，激发画家的表现欲望和表现力。因此，要多角度观察，选择最能表达画家新鲜感受的角度位置进行构图。

2）构图。根据确定的写生角度，在小纸片上试作几幅“小构图”。在“小构图”上，将写生物象抽象为几何基本形，注意研究形的组合关系，如形体大小、曲直对比、明暗分布、节奏疏密等关系，使画面在变化与统一中。

图3—4—5 构图落幅

3）落幅。落幅是指在对客观物象的观察比较中，将“小构图”所确定的画面结构和形式特征在正式的画面上表现出来，如果说观察、构图是打轮廓的准备，落幅则是打轮廓的具体落实。

上面的水粉画底稿，进一步构图，分为好几个亮暗面和层次，前后空间也跟上，要注意物象自身各种关系的比较，更要注意物象之间的比较，如图3—4—5所示。

（3）大色调阶段。将静物大的色彩关系、黑白灰色调用薄深和湿画法概括地表现出来，在这一阶段要注意整组静物的明暗关系、冷暖对比及总的色彩走向。一般可从静物的暗部或中间色调开始铺深，用色不宜过厚，用笔大胆、果断，不可拘泥于细节或小块小块地填

充颜色。画面暗部用色宜薄不宜厚，尽可能少用或不用白粉，因为暗部白粉用得太多，颜色容易变灰。

如果说第一步是画“形”的轮廓，这一步即是画“色”的轮廓，画“色”的轮廓所要强调的是“整体”和“大体”。

1）整体：通过对成组静物的整体观察比较，注重把握画面整体的大色调关系。具体地讲，即是将包括衬布在内的所有物象，按照黑、白、灰的大关系“排队”，把握物象之间明暗色调的比例关系，并依据比例关系画出大体的明暗色调，使画面的形体处于相应的色调空间和色调气氛之中。

2）大体：依据不同物象的形体结构和体积特征，画出明暗两大部分的明暗色调大关系。要将不同物象的暗部色调进行比较，以保持画面整体的黑、白、灰的色调大关系。画大色调，一是强调画面的整体，不要深入，不要画局部，不要过细；二是强调画出明暗色调的相对关系。在整体比较中画出大色调。

到了铺色阶段，要明确不同物体的色差和冷暖色调，铺薄色，落笔干脆，把花瓶、酒杯和水果的大色调铺垫好，这一步，注意把握物象之间黑、白、灰的大关系和物象自身明暗两大部的大关系，如图3—4—6所示。

图3—4—6　大色阶

（4）深入刻画阶段。铺大色调阶段确定了整组静物的大的色彩关系。在这一阶段，可以将整组静物分成几部逐一进行刻画，但仍要非常注意局部和整体的关系，做到整体观察入手，整组静物每个部分，每个物体之间要多比，用色时注意物体的造型塑造和色块与色块的衔接。也就是说，既要画物体丰富的色彩变化，也要注意物体每个层面的素描关系。

“深入”就是要抛弃表面的东西，抓住物象的本质，即紧紧抓住明暗色调

与结构、形体的联系，从物象的形体结构出发去认识明暗色调的变化，运用明暗色调去刻画、充实、塑造形体。

要注意分析中间色调的微妙而丰富的变化，在表现中间色调的同时，把握好黑、白、灰的大关系。为此必须理解着画。不要盲目地画、孤立地画，要画得简约概括，不要重复涂抹。

质感等细节的表现，有利于充实形体的塑造，对细节的表现一定要从整体出发，有主有次，有虚有实，有的要深入刻画，充分表现；有的则要削弱，甚至舍弃。总之，细节的表现要服从整体，切勿喧宾夺主。

图3—4—7　深入刻画

到了这一步，要深入刻画各种静物的细节，用丰富的色彩来塑造形体进一步表现出物体不同的颜色形状、体积和质感，要注意成组物体之间的空间关系，物体边缘的透视缩形与背景之间的虚实关系，如图3—4—7所示。

（5）调整统一阶段。在完成深入刻画阶段后，练习者要放慢写生节奏，经常远距离观察整组静物,看看画面是否有散、碎、主次不分和色彩不协调等问题。然后根据画面的要求来调整，要加强画面主体部分的刻画，使之更充实完美，减弱次要部分，使之起到衬托作用，这样画面才能有主有次，层次分明，要大胆调整不协调的色彩关系。对不准确的造型，这一阶段可根据画面要求进行修改、调整。

调整，即要注重整体，注重主体，对主体和关键的部位，含糊的要明确肯定，松散的要果断加强，以求更生动。对影响整体的“细节”及烦琐的灰色，要果断减弱或删除，以求更集中、更概括。除此之外，对于形体结构、比例、透视等方面的错误，也要予以调整修改。

调整统一时要注重整体、注重主体，通过调整使形体的刻画与表现更集中、概括、生动，恢复对开始作画时的“新鲜感”。

最后一步，把握大局把整体走一遍塑造和深入，细节要综合到整体之中，一幅水果花瓶静物水粉画就完美地呈现出来。调整统一阶段的目的是使画面更加有整体感，主题更突出，使关系明确，色彩协调统一，形体造型更结实、准确，使画面更和谐完美，如图3—4—8所示。

图3—4—8　调整统一

2. 写生技法

绘画的表现技巧指制作的技巧和方法（即技法）。水粉画技法种类繁多，归纳起来主要有干画法和湿画法两大类。

（1）基本技法。初学水粉画可以从干画法开始，按形体块面的走向用笔，以块面塑造型体，重点学习如何塑造形体和表现色彩，熟悉水粉材料的性能特点，然后逐渐掌握干湿结合的画法。只有掌握多样的、熟练的技法，才能生动传神地刻画形象，表现质感和空间层次，以获得丰富绚丽的色彩效果。

1）调色。写生时调配色彩，是建立在正确观察和理解对象的色彩关系的基础上。调配颜色不能孤立地看一块、调一块、画一块。而要考虑整个的色调和色彩关系，从整体中去决定每一块颜色。切忌脱离整体，看一块、调一块、画一块，接着又调一块改一块。水粉画颜色湿时深，干后浅，干湿变化明显。

如图3—4—9所示，在明确色彩的大关系的基础上，把几个大色块的颜色加以试调，树叶的青色、草地的绿色、天空的蓝色和泥土以及树干的灰色，准备好再往上画。

2）用笔和用刀。由于各种类型的笔都可以用来作水粉画，因此水粉画的用笔

图3—4—9 调色

技巧异常丰富，并且是在借鉴油画、国画和水彩画笔法过程中不断发展的。水粉画中常见的笔法如下：

①平笔法。笔迹隐蔽。画面色层平整。

②散除法。笔迹显露，但色层厚薄变化不显著。

③厚除法。色层错综重叠，用色较厚、厚薄相间。

④点彩法。利用光色的空间、初觉混合原理，用密集的小笔触塑造形象。

⑤刀画技法。水粉画吸收了油画的刀画技法，可用油画刀作画，水粉画照片集锦也可用自制竹刀作画。水粉画在吸收其他画种的用笔技法时，必须从水粉画的特点、性能出发，目的是丰富水粉画的技法，提高水粉画的表现力。当然这些都需要从整幅画的处理意图出发，运用不同的笔法。笔触也有一个整体性的问题。一幅画的用笔也要有变化而统一，形成一种节奏感。要防止缺乏整体处理意图的凌乱用笔。

如图3—4—10所示，一般在画虚处、远处和暗部、阴影时，笔触要模糊些、平些、颜色薄一些，以增加虚远感。而在画近处、实处和亮部时，笔触则要显露些，颜色要厚一些，以增强其结实、突出、明晰的效果。

图3—4—10 用笔

3）衔接和覆盖。水粉画由于颜色干

得较快、干湿变化显著，又加之用水，颜色会在画面上流动，渗化和容易产生水渍，因此熟练掌握衔接技巧，对画好水粉画关系很大。水粉画的衔接主要可以分为湿接、干接和压接三种方法。

①湿接（见图3—4—11）。是邻接的色块趁前一块色尚未干时接上第二、三块颜色。或是两块相邻的颜色碰接上。或是一块颜色中趁湿点入其他颜色，让其渗化。再或在笔头的不同部位分别蘸上几种不同的颜色，画到纸上时利用笔肚的水分，让其自然衔接。

②干接（见图3—4—12）。就是邻接的色块在前一块颜色已经干了的时候，再接上第二、三块颜色。这样，每块颜色都有一种立体感，互不干预，形成明显的立体感，一般多用于表现景深和纵深。

③压接（见图3—4—13）。就是相邻的色块（形体的转折或不同的物体），前一块色画得稍大于应有的形，第二、三个色块成一种节奏感。要防止缺乏整体处理意图的凌乱用笔。接上去时，是压放在前一块色上，压出前一块色应有的形。压接时，要注意颜色（压接上去的颜色）的盖色力和黏着性，一

图3—4—11 湿接

图3—4—12 干接

图3—4—13 压接

图3—4—14 覆盖

般来说压上去的这块色要比已画的色块稍厚。

④覆盖（见图3—4—14）。就是在已画的色层上再画上一层或数层颜色。覆盖的主要作用可以概括为两点：一是使画面色层重叠，厚薄有变化，是塑造形象的一种技法；二是一种修改方法。

水粉画颜色的盖色力是比较强的，但又各有差异，加上作画时调用清水，覆盖时掌握不好就容易使底色泛起，产生水渍，造成色彩污浊。有时又故意用很薄的颜色覆盖，让底层色透露出来。这些具体效果都不容易估计，所以要掌握覆盖技巧也并非易事，需要慢慢捉摸。

（2）干湿技法。作画时应交叉运用干画法和湿画法，只是根据画面实际需要，有的湿画法运用多一些，有的干画法运用多一些。如果一幅画用水过多，全部采用湿画法来处理画面，就容易失控，使物体松散，并失去色彩光泽。同样，全部采用干画法，靠堆积的颜色和白粉不断加厚画面，就会出现死板、干裂和颜色脱落的情况，画面也难以长期保存。总之，干、湿画法只有根据作画步骤，由湿到干、由薄到厚的顺序合理运用，才能发挥干、湿技巧的最佳效果。这是一般作画过程所遵守的原则，还要在实践中根据画面要求灵活掌握。

1）干画法（见图3—4—15）。调色时用水较少，笔触明显，用色饱满，色块较厚。运用干画法可充分发挥水粉颜料覆盖力强的特点，取得油画般厚重的效果。

干画法用的水少粉多，这种画法多采用挤干笔头所含水分，调色时不加水或少加水，使颜料成一种膏糊状，先深后浅，从大面到细部，一遍遍覆盖和深入，越画越充分，并随着由深到浅的进展，不断调入更多的白粉来提亮画面。干画法运笔比较涩滞，而且呈枯干状，但比较具体和结实，便于表现肯定而明确的形体与色彩，如物体凹凸分明处，画中主体物的亮部及精彩的细节刻画。

干画法非常注重落笔，力求观察准确，每一笔下去都代表一定的形体与色彩关系。干画法也有它的缺点，画面过多地采用此法，加上运用技巧不当，会造成画面干枯和呆板。但干画法的色彩干后变化小，对练习色彩收效较大，也容易掌握。

图3—4—15　干画法

2）湿画法（见图3—4—16）。作画前可将画纸喷湿或者调色时多用水调和颜料，使不同的色彩在纸上相互渗透、晕化，取得水彩画水色淋漓的效果。

此法与干画法相反，湿画法用水多，用粉少。它吸收了水彩画及国画泼墨的技法，也最能发挥水粉画运用“水”的好处，用水分稀释颜料渲染而成。湿画法也可以利用纸和颜色的透明来求得像水彩那样明快与清爽。但它所采用的湿技法比画水彩要求更高，由于水粉颜料颗粒粗，就要求采用湿画法时必须看准画面，湿画部位一次渲染成功，涂抹过多或多遍涂抹必然造成画面灰而腻。但这种画法运笔流畅自如，效果滋润柔和，特别适于画结构松散的物体、虚淡的背景以及物体含糊不清的暗面。如发挥得当，它能表现出一种浑然一体和痛快淋漓

图3—4—16　湿画法

的生动韵味。

湿画法的色彩借助水的流动与相互渗透，有时会出现意想不到的效果。为达到这种湿效果，不但颜料要加水稀释，画纸也要根据局部和整体的需要用水打湿，以保证湿的时间和色彩衔接自然。

（3）着色顺序。从整体到局部水粉画是色彩画的一种，它同水彩、油画一样，都是从画大色块深色块入手。整体着眼和从大体入手是画家的作画原则，大色块和大片色，对画面色调起决定性作用，应先画准组成画面主要色块的色彩关系，然后再进行局部塑造和细节刻画。

1）从深重色到明亮色。明亮色多是厚涂，一遍遍薄涂亮不起来。先画深重色，容易被明亮色覆盖；相反，一般是先画面积较大的深重色（包括暗部、明部和重色），予以确定画面色彩的骨架。逐步向中间色和明亮色推移。以明亮色为主的画面，还是要先涂明亮的大色块，颜色稍薄一点，局部小面积的深重色后加上去。如果中间色为主，作画时先涂中间色，运用并置的方法，分别向面积较小的暗色的明亮色画过去。

2）从薄涂到厚画。薄涂即用水稀释颜料，如同画水彩画，根据总的色彩感觉，迅速薄涂一遍，构成画面整体的色彩环境，然后逐渐加厚，深入表现。薄涂比较正确的地方要善于保留，使画面色彩有厚有薄，以增加色彩有层次和厚重的效果。水粉画颜料不像油画、丙烯颜料附着力强，可随意画厚。水粉画的厚涂要适当，过厚容易龟裂脱落，所以较厚而不准的颜色应洗掉再涂。

三、建筑风景写生

建筑风景写生训练采取从简单到复杂、从浅到深的过程，在这个过程中，领悟自然美、提高审美意识、理解主观意识及情感因素是表现景观之美的动力。因此，必须在敏锐观察分析的基础上，对风景画中建筑及繁杂的自然景观进行最大限度的取舍与概括，突出主体形象，同时注意建筑物，特别是建筑群体的透视变化及远近关系，在复杂的形与体、面中，运用明暗色调的变化去组织它的层次，以获得景物的深度。

1. 快速表现色稿训练

（1）选景。在水粉静物写生中，初步掌握构图、色彩、步骤方法及表现技巧后，可以说已为到室外去进行建筑风景写生做了准备。对于室内的静物写生，对象

是比较单纯静止的，它可以根据不同的程度和要求安排写生课题，还可以在稳定的光线和环境中从容观察研究。室外风景写生的对象与条件要复杂得多，画风景要依靠自己选景，能不能在广阔的自然中，选准具有绘画表现价值的景色，是一个首先碰到的问题。

选景与确定构图是风景写生时常遇到的困难。自然界中形象丰富，质感多样，气候、光线多变，色彩复杂，如何处理广阔与深远的空间关系等，这些都是水粉基础训练中的新课题，也是风景画习作的新要求。开始不妨选比较简单、平远的景色作为写生练习。

（2）写生步骤。绘画步骤由画种材料工具的性能特点来决定。水粉风景写生受户外光和色变化较快、作画时间不长等因素限制，要求画家有很强的整体观念和色彩驾驭能力，其写生步骤可以用“全面铺开、统一调整”八个字概括。

水粉画风景写生一般从暗部画起，这样做有以下好处：能迅速区分对象的色层；能避免将亮部的白粉带进暗部，造成画面泛粉、泛灰；以暗部为标准，便于确定画面的黑白灰层次。

1）步骤1：起稿。首先要做好取景工作。初学者可采用铅笔进行构图，熟练后也可根据画面不同的冷暖色调分别采用赭石、群青等单色起稿。起稿时要注意画面形体大小、高低、疏密、繁简、虚实的搭配，强调画面的节奏韵律，防止单调划一和平均对待。将“密不通风、疏可跑马”的原则与形象塑造具体结合起来。

2）步骤2：全面设色。整体观察色彩，掌握画面色调。根据色彩关系将画面色彩归纳成几个主要的色块，迅速将画面铺开。作画时可以从主体开始，也可以从天空、地面开始，关键要处理好色块之间的衔接过度。第一遍着色不宜过厚，也不必画得过细，色彩造型以大块面色彩为主。确定画面的基本色调倾向即可。

3）步骤3：深入刻画。确定画面基本色彩关系后，就可以进行细节的刻画，进一步强化画面的中心形象，强化色彩的对比关系。在这一阶段要下功夫丰富画面的色彩，例如，找出画面的中间色彩（暗部与亮部衔接的过渡色），同一色块的色彩变化关系等，使画面的色彩含蓄并富于变化。

4）步骤4：统一调整。调整应该始终贯穿整个过程，每个阶段只是调整的内容、方式和程度有所不同。最后阶段的统一调整应着重于完善形象，深化内容，统一画画等方面。深入刻画之后，要全面检查和调整画面，检查总的色调是否统一，

图3—4—17　春至（建筑风景写生）

图3—4—18　风景写生（小巷深处）

某些局部是否过冷或过暖，明度层次差别是否准确。通过调整，使画面色调明确统一，刻画的形象生动突出。由于室外光线变化较快，写生时应该保持对色彩的新鲜感受，深入阶段要注意整体关系，最后的调整阶段要保留好画面生动的色彩。

图3—4—17、图3—4—18所示为风景写生的作品欣赏，深入刻画细节，把握整体关系，以体现景观的意境。

（3）风景写生中的空间表现。室内静物写生与外光风景写生的最大区别在于，风景具有宽广和深远的空间。表现风景的空间效果，是风景写生的目的要求之一。

风景画中表现空间效果，主要有两个因素：一是透视，透视是表现空间的重要因素。没有明暗调子和色彩，只用线画出景物的透视，也可以表现出景物的远近空间和立体效果。如中国传统绘画中的线描；油画中，有的后期印象主义画家，也主要依靠透视来表现空间关系。二是由于光与大气层对景物的影响，而产生的明暗与色彩调子的变化，给人产生空间感。在色彩画中，研究明暗调子和色彩与空间表现的规律十分重要。

如图3—4—19所示，根据景物近、中、远三个空间层次，景物的形体、色彩、明暗调子的视觉感，在互相比较的情况下，可以归纳以下一些特征：

1）近景。轮廓与结构关系比较明确，细节较清楚，形体较大，体积感强，色彩丰富鲜明，纯度较高，明暗对比强。

2）中景。与近景相比，形体轮廓与结构关系减弱，细节模糊，色彩粉质增

多，纯度降低，倾向冷调，明暗对比变弱。

3）远景。景物形体轮廓及结构模糊，色调单纯统一，含更多粉质，偏冷调；明暗对比逐渐减弱，立体感消失，给人以平面的感觉。

a)

b)

c)

图3—4—19　空间

a）近景　b）中景　c）远景

2. 常见景物的表现

在风景写生中，所描绘的景色十分复杂，当描绘具体景物时，会遇到认识与表现的问题。画家对自然感受不尽相同，在表现技法所产生的艺术效果时，也会迥然有异。在风景写生的开始阶段，先对一些具体景物进行分析，再选择采用最佳的表现方法。

（1）水的表现。海洋、湖泊、江河、池塘等在风景画中经常出现。水的特性是流动、透明，给人一种平面、深远的感觉。风景中水的颜色是最不固定的，它受

气候、光线、环境和天色的影响而产生变化。

1）水色（见图3—4—20）。对于一般清澈的水，它的固有色总是带冷调；浑浊的黄色水质，固有色偏暖，呈黄灰色；不流动的死水或流动而受污染的水，颜色灰绿、紫黑，调子浓重。虽然不同的水质有各自的色彩特征，但是水色与天色直接相关。写生时，观察水色与天色的关系十分重要。

a）中午水色：阳光灿烂，水色光感强烈。平静的水面常会出现一条水平的明亮反光，反光对表现水面的平远很起作用，画这条反光，颜色干湿要适度，用笔要干脆利落

b）傍晚水色：夕阳西下，水的颜色丰富。水面会倒影天空的多彩的云霞，微风荡起水波，让水色更加绚丽，画傍晚水色，以暖色调为主，可以用湿画法表现，用笔灵活

图3—4—20 水色

2）倒影（见图3—4—21）。它与实物既有联系，又有区别。画好倒影，会增添景色的美感。平静清澈的水面如镜，倒影形象清晰；在微波的水中，倒影破碎，形体拉长；有风的天气和有急浪的水面，倒影不明确。景物倒影的色彩，与景物相比，要趋于单纯统一，多为中间调子，没有很深暗与明亮的色调，色调一般偏冷、对比弱、带粉质、色纯度低，即冷、弱、粉、灰。倒影如用湿画法，颜色自然交接融合，便会显出倒影的效果。平静水面的

图3—4—21 倒影

倒影，笔法横直并用，但要简练概括、自上而下的直向笔法可以加强倒映的气势。

（2）天色的表现（见图3—4—22）。大多数风景画面，都会画到天空。天在画幅中产生舒展、深远、空旷的效果。随着环境、气候、时间和光线的变化，天上的云彩和天色也千变万化，可以说画中天色相同的情况极为少见。天色是画幅中最远的色彩，要有深远的空间效果。天色与地面相接连的景物色彩有关，天色常常在互相对比中产生补色关系。但是，接近地面或远山的天色，总带有偏暖的紫灰色倾

a）晴天天色：在晴天，蓝、青等色是画天色不可少的颜料，当然需要经过调配，使其符合实际情况。认识并描绘出这种对比中产生的色彩倾向，可以加强色彩效果，使画面更加丰富生动

b）下雪天天色：天色会偏灰暗，白茫茫一片，天色有时要画得单纯，有时要画得丰富，这决定于画面整体效果和主题表现的需要。画比较单纯的天色，在用色和笔法上要稍有变化，不要调好一个颜色，以免导致效果单调与呆板

c）白云天色：晴天的白云，不一定是纯白的颜色，它与阳光照射的白墙相比，反而显得灰暗，这需要从整体上去比较观察，才能认识这一色彩关系。画天、画云，要使用较多的白粉颜料，才能表现出它们的明亮度

图3—4—22　天色

向，所以天色大多上冷下暖、上暗下明。如在晴天，绿树丛后面的天色，会增添绿的对比色——红的色素，使蓝天倾向于紫灰。如下雪天，天色会偏灰暗，白茫茫一片。但在一般情况下，天总不宜画得过于突出，而失去深远的空间，除非天是表现的主体。

除非是万里晴空，否则，云彩总是构图中不能不考虑的因素。云的形状、色彩变化丰富，美丽而有情调，在不同季节、气候、时间、光线的条件下，云彩各有不同的特点。云彩有动势与静态，有厚有薄，有远近透视，有平面立体等变化。虽然云的色彩大多比较明亮，如与天色或地面色彩相比，也有色彩的不同倾向。在一般情况下，画云都使用明亮清淡的色调或中间色调，可多加水分，以利于表现云彩的轻柔感。形态较明确的团云，可用厚的色层，用弧形笔法来表现。

（3）树的表现（见图 3—4—23）。树是自然景观中重要的内容，也是风景画中被经常选取的题材。树的品种繁多，其形体特征和结构也各不相同；由于树龄不同，树木的形象千姿百态。随着季节、气候、光线、时间的不同，以及与周围环境的结合映衬，树的色彩更是丰富而美妙。

由于树的形体不像一座建筑物那样具体明确，初作写生时，对于不同品种、形

a）春天的树：树叶青嫩，且带有浅黄，树枝线条明朗，不疏不密，常用浅色调配色，以空间关系看，绿色的树如果处在远处，树会与周围景色一样，被罩上一层含白粉的带蓝青的冷色调

b）夏天的树：枝叶茂盛，远望成深绿色，树干褐色，浓浓的树叶笼罩下来，常常用冷色调配色，来呈现树冠的层次感

c) 秋天的树：树叶开始飘落，以黄色调为主，这时果实成熟，可以在树上用不同的暖色调描绘出丰收的颜色，运用好黄色，使其产生丰富的变化

d) 冬天的树：枯枝落叶，画枯枝丛，要用大笔刷，用枯笔擦，不必一根根去细描，要概括地去观察，画出枯枝丛的色调与感觉即可。树枝的粗细、曲直，表皮的质地、色泽，树叶的茂密、稀疏，不仅体现不同树种的特征，而且显示出苍老与幼嫩的树龄特征

图3—4—23 树

态各异的树，往往感到困难很多。但只要经常去观察研究，认识树的形体结构与色彩的变化特点，在不断写生实践中，可以掌握其表现规律。

树除了外形美，还具有体态美。有的树主干笔直，有的树主干倾斜弯曲，都显出不同体态。画树的顺序：可先画主干，确定树的姿态；再根据树的外形画叶丛；然后再加小树枝，使主干与树叶连成整体。小树枝在叶丛的底面暗处，受光少，色浓重，主干周围树叶少，叶丛中往往透出空隙，透露出明亮的天色或后面的景色，这使树丛松动，显得不闷。

树的色彩受季节、气候、时间与光线和固有色等因素影响，不能只使用绿色来表现不同的树色。这种树色的空间变化，只要联系起来观察，就可以很明显地被认识到。其他任何景物也都同样体现这一空间色相变化的规律。树的色彩以绿色调占多数，尤其在春夏季节。但绿色经常需要用冷色或暖色来调配，使其产生丰富的变化。

（4）山的表现（见图3—4—24）。风景中的近山，近山由于灰暗，含灰色很多，与天色明度不同，常用土褐、浅灰、普蓝等色来调配成冷调子，表现出大地深远的空间。远山的色调十分单纯概括，接近地面处稍带绿色。多层次重叠的远

图3—4—24　山

山，要通过比较，区别它们微弱的色彩冷暖倾向，远山与天连接处，色彩对比状况一般是山色偏冷、天色偏暖，山色稍深、天色偏明。这种冷暖、明度的区别十分微弱。在朝阳或夕照投射的远山，产生受光部的暖调和背光面的冷调之间的差别，受光部是光源色，背光部是天光反射色，有补色效果。

风景中的远山处在天与地相交之间。远山在风景构图中，虽然不会是主体物，但它常常可以体现空间感，衬托前景，丰富色彩，起到了加强主题的作用。显示出远山的形象风貌和气势。重视色彩和线条的美感，画面就增强了所绘景色的感染力。

有些远山的山势，线条起伏是十分优美的，它的轮廓是直线与曲线刚柔结合形成的，远山的蓝灰色调十分统一，给人的感觉是优美而庄重。不注意远山的山势起伏的美感，就必然会画得概念化，单调乏味，如画成有规律的锯齿形或波浪形。山的脉络应体现出山的结构。画一些不是太深远的山体，抓住它主要的结构线、面，与外形紧密结合，用色彩的冷暖变化表现出凹凸起伏感，就会产生悦目动人的效果。

图3—4—25、图3—4—26所示的两幅水粉写生色彩对比和谐，用笔有法，色调明快，较好地体现了水粉画的材料优点。

图3—4—25　林间小曲　（王大虎 作）

图3—4—26　山中晨曲　（王大虎 作）

习题

1.建筑风景写生常见的表现方法有哪些?

2.进行十幅静物小色稿练习。

3.画两幅建筑水粉画，其中一幅题材为建筑外形写生，另一幅题材为室内装饰写生。

4.画风景水粉组画，分别写生春夏秋冬的自然景观。

5.熟悉各种水粉颜料的特点，进行色彩调和练习，例如单色、两色和多色调和，比较色彩效果。

6.明度推移构成练习，先取一单色，逐步渗入白色或黑色，形成渐变的明度变化系列。

7.色相推移构成练习，以色相环色彩为基点，可在全色相色、半色相色或1/4色相色之间变化，形象色相渐变系列。

8.纯度推移构成练习，先选一纯色，逐步加入与此色明度相当的灰色，互相混合变化成纯度系列。

9.整体色重构。将色彩对象（见图1a）完整采集下来，选择典型的、有代表性的色重构。要求：既有原物象的色彩感觉，又有一种新鲜的感觉，由于比例不受限制，可将不同面积大小的代表色作为主色调（整体色重构见图1b、图1c）。

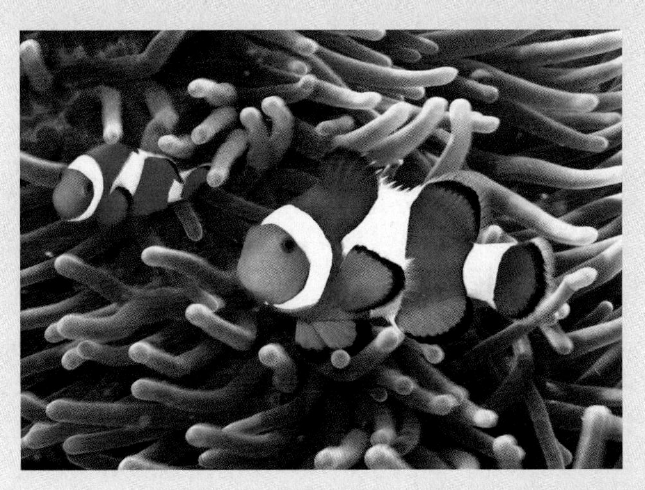

a)

b)

c)

图1 整体色重构

a）例图 b）重构1 c）重构2

10.色彩情调重构。要求：对同一物象的采集如图2a所示，对色彩理解和认识换个角度看，是一个再创造过程，会出现不同的重构效果（见图2b、图2c）。

a)

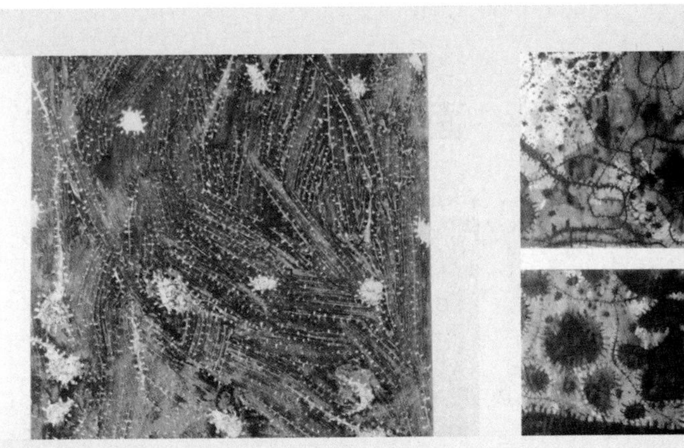

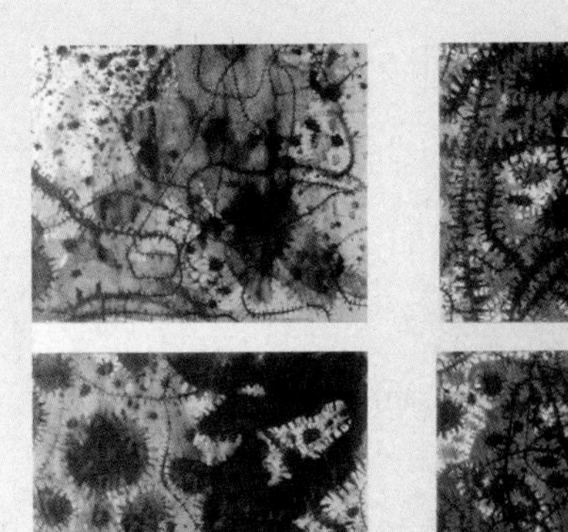

b)　　　　c)

图 2 情调重构

a）例图 b）情调1 c）情调2

第四章 平面构成

学习目标

1.掌握平面构成主要元素点、线、面的性质，能灵活运用其变化规律；

2.熟悉单元和骨格的平面构成基本法则，掌握如何赋予构成元素秩序；

3.了解构成在现代装饰材料和肌理视觉效应中的应用，形成点、线、面的综合应用能力。

构成艺术通过视觉元素组合形成新的图形，创造视觉效果。掌握构成的设计造型、设计规律和设计方法。利用形体、空间、位置、面积、肌理在空间、量与质上的可变幻性，按照一定的规律去组合各构成之间的相互关系，再创造出新的平面视觉效果的过程。它是艺术设计的基础理论之一，是现代视觉传达艺术设计的基础。

构成教学应用视觉语言进行有目的的视觉创造，它的研究对象主要是在平面设计中运用点、线、面等基本元素，研究造型要及构成规律，培养对现代图形的创造能力和审美能力，并注重对传统文化、审美观念和时代精神面貌等方面的体验和训练。

工业革命以后，由于社会生产分工，于是，设计与制造相分离，制造与销售相分离。设计因而获得了独立的地位。然而大工业产品的弊端是粗制滥造，产品审美标准失落。究其原因在于技术人员和工厂主一味沉醉于新技术、新材料的成功运用，他们只关注产品的生产流程、质量、销路和利润。20世纪20年代，德国的包豪斯设计教学最早出现了构成设计，“BauHaus”这个词由德语动词“bauen”建筑和名词“haus”组合而成，粗略地理解为“为建筑而设的学校”。反映了其创建者心中的理念：确立建筑在设计论坛中的主导地位，把工艺技术提高到与视觉艺术平等的位置。

随着时代发展，构成艺术不断完善和创新，构成艺术包括平面构成、色彩构

成、立体构成三大门类。

第一节　构成形式与规律

点、线、面是构成基本元素。不管平面视觉内容多么复杂，总可以括归纳为点、线、面三种基本元素。构成的点、线、面与数学几何概念的点、线、面有两点不同之处：第一，在设计中，点、线、面是实实在在的，有大小、粗细、方圆、动静、虚实之分，例如一行文字、一组图片就可以看作是线；第二，点、线、面的确定是在比较中得出结论，例如，一个字母“A”与周围的图形进行比较，随着周围视觉元素大小、粗细等不同，“A”有时既可以看作是点，也可以看作是面。

一、点

自然生活中很多事物留给人们很深刻的点的印象：星星、水珠、飞翔的风筝、远处的船、草原上的马匹。点的感觉是相对的，它与周围的造型要素相比或者与所处的特定空间框架相比，如形状、方向、大小、位置等方面的不同，带给人们不同的心理感受。数学中的点是没有大小的抽象概念，但构成中所讲的点有形状、大小，而且在空间分布的距离和位置不同就会产生不同的视觉感受。

点的形状如图4—1—1所示，点的大小如图4—1—2所示，点的距离如图4—1—3所示，点的位置如图4—1—4所示。

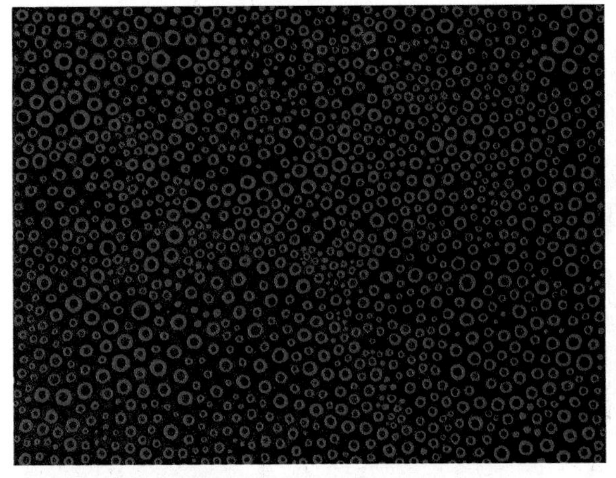

图4—1—1　点的形状

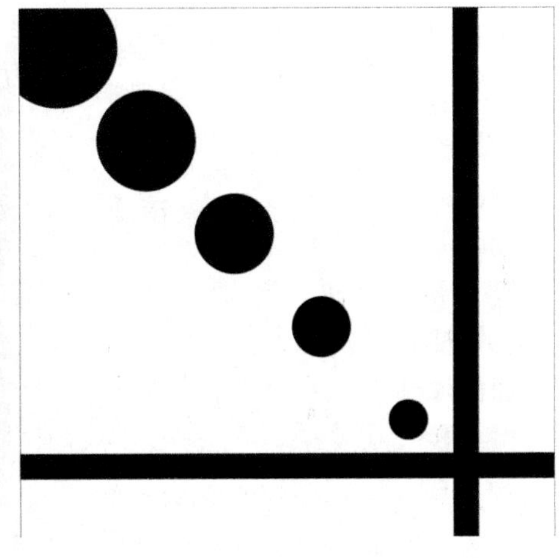

图4—1—2　点的大小

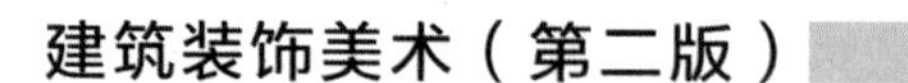

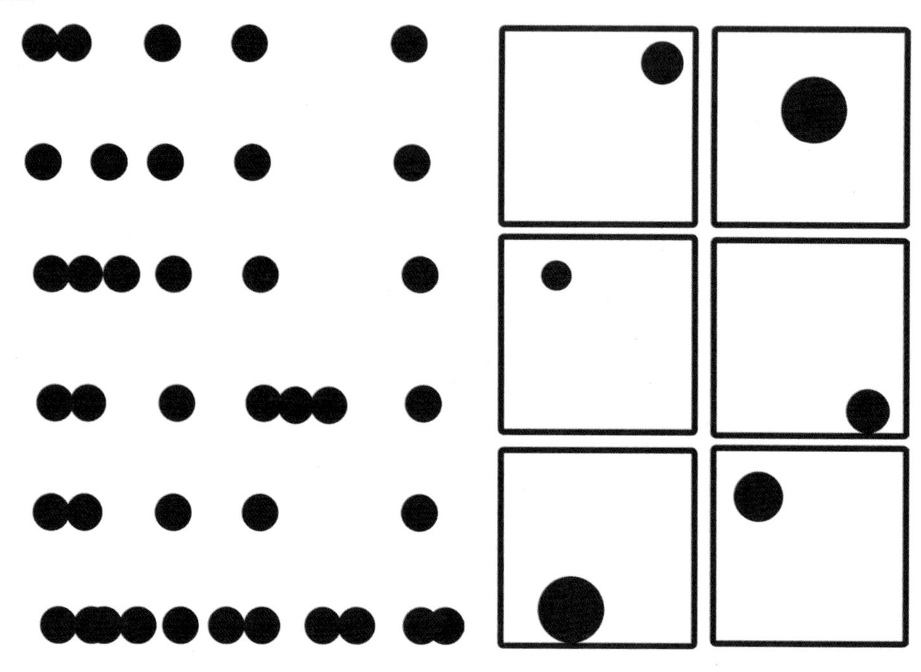

图4—1—3　点的距离　　　　　　图4—1—4　点的位置

点连续排列可形成线，排列的点向四面八方扩散的时候可形成面，点的密集程度越高，形成线、面的感觉就越明显、强烈。图4—1—5表示点的变化：图4—1—5a表示点形成发送的线，图4—1—5b表示同心扩散，图4—1—5c表示在视觉上形成了不同颜色的面。

a)

b)

二、线

线是点移动的轨迹，几何学中的线具有长度、方向和位置，平面构成中的线除了具有几何线的特征外，还包含厚度的因素，而且每一种线都有它的个性和情感。设计中不同的线条有不同的视觉效果和心理感受。

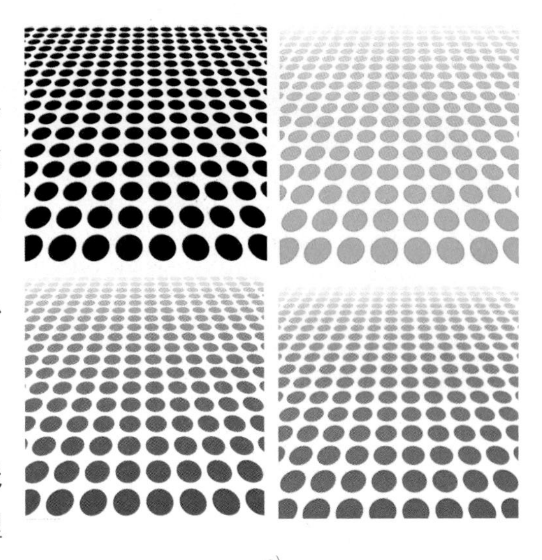

c)

图4—1—5　点的变化

a）点形成线　b）扩散　c）点形成面

1. 线的基本类型

（1）直线。两点之间最短距离的线是直线。直线具有阳刚的品格：果断、理性、坚定。水平方向的直线令人产生开阔、平静、安定的永无止境的感觉；垂直方向的直线令人产生蓬勃向上、崇高的情感；斜方向的直线具有动荡和快速运动的感觉。图4—1—6a所示为直线型，通过直线的交错，图像产生了运动和弯曲的错觉。

（2）曲线。大致可分为几何曲线和自由曲线两种形式。曲线给人柔软、流畅的感觉，具有女性的特征。几何曲线由圆弧、抛物线等具有数理规律的曲线连接变化而成，易于识别和复制。图4—1—6b所示为现代建筑常具有的曲线，流线的结构富于动感变化，最能体现出节奏。

a)

b)

图4—1—6　直线型和曲线型

a）直线型　b）曲线型

2. 线的特性

线具有方向性、流动性、延续性等特点，它能带来空间深度和广度的感受。

线通过集合排列，可以产生渐变空间和矛盾空间，长线与短线的比例对比会产生远近不同的感觉；同样长度而粗细不同的线，粗线给人较近的感觉，细线则会给人后退的感觉；同一条线条，头尾的粗细变化，会产生远近的空间透视感。

线的方向渐变排列和相交排列，可以构成放射旋转的图形。例如，同心式放射是围绕放射中心层层辐射，产生向心凝聚力；离心式放射是线条由中心向四周放射，就如太阳光芒射，能起到扩充版面视线的作用。 直线的倾斜运动和曲线运动巧妙结合时，更能表现动感的节奏、刚柔相济的美感。以往把直线看成是绝对的静止，其实某种条件下真正的高速运动是直线的，现代设计在表达高速时往往会选择直线。

线的自由分割性可以使版面具有独特的造型。这种分割可以不受条条框框制约，灵活性强，使平面设计标新立异。一根线可以把看到面分割成左右两半，产生不同的形，继续分割可使平面重组，形成新的秩序平面。例如，蒙特里安利用长短比例不同的垂直线和水平线分割画面，使之形成了许多大小不一、长短比例不同的方块。图4—1—7a、图4—1—7b所示为蒙特里安的构成作品，预示了线的比例分割，曾经有日本设计师根据这种数理规律设计出家具，深受市场欢迎。西方世界喜欢直线，东方世界爱好优美的曲线（图4—1—7c所示为唐草纹)。

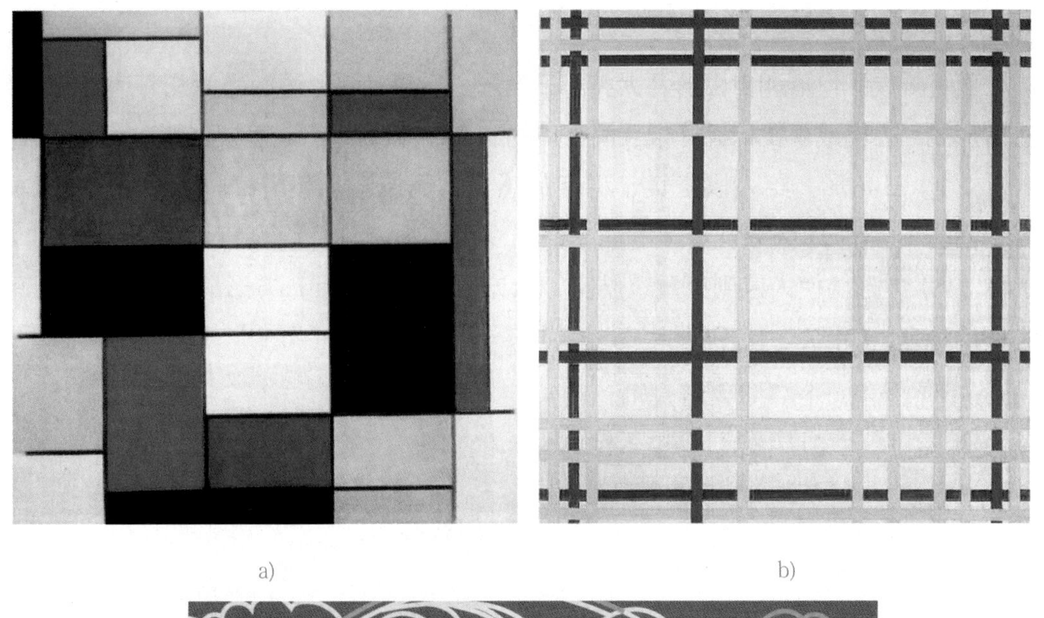

a)　　b)

c)

图4—1—7　构成（蒙特里安）
a）线围合成面　b）线的交错　c）唐草纹

三、面

面的形态丰富多样。相对点、线而言，面的空间感更强，在平面设计中块面具有延展性，产生稳定、充实的感觉。从造型发展看，现代设计的造型基础是几何形态，纵然涉及自然形态时，也是将自然形态转化为几何形态。因此，平面构成中的面不是感性形态，而是理性构造。由“面”所构成的艺术形态，往往具有音乐效果，面在平面构成的性质有均等、沉重、脆弱、硬直、挺拔、锐利、钝拙等。

1. 几何形面

面可分成几何形和自由形两大类。三角形、方形、圆形可以称为几何造型的块面基本形式，在构成中要把握好相互间整体的和谐，才能产生美视觉形式。

（1）三角形。给人以坚实、稳定的感受，例如，金字塔每一个面就是正三角形，图4—1—8所示为埃及金字塔。

（2）方形。使人感到厚重、结实、大方、坚强和深沉，方形的雅典神庙显示了空间的稳定，如图4—1—9所示。

图4—1—8　埃及金字塔

图4—1—9　雅典神庙

（3）圆形。给人充实、柔和、圆滑的感觉。迪拜的伊斯兰建筑穹顶在天空中显示了圣洁的魅力，如图4—1—10所示。

2. 自由形

自由形能较充分体现个性，最能引起人们的兴趣，万里长城绵延于崇山峻岭，长城的走向因地势而成，体现了中华民族的韧性。图4—1—11所示为万里长城。

图4—1—10　迪拜的伊斯兰建筑

图4—1—11　万里长城

第二节　骨格与单元构建

现代平面构成的形式大体可以分为两大类，一类是有秩序形式，另一类是打破常规的形式。不论是哪一类都使几何图形发生了规律性量变，使单形聚合转化为一种高度集中的格局。

一、骨格

骨格是构成图形的骨架和格式。一切使形状有秩序地编排或在感觉上经过有组织的程序，即骨格的功能作用。骨格的意义是支配整个设计的秩序，决定形象在设计中彼此间的关系。

平面构成的几何形的视觉美感主要体现在形的组合、结构、骨格的构造中，而不是在基本形的元素上。几何纹的骨格好像建筑中的柱梁和钢筋，是组织基础。单形和骨格是平面构成两个密不可分的因素。几何形的骨格（见图4—2—1）可分为以下三大类。

1. 古典几何骨格

古典几何骨格由经纬线组成。在每个方格上串联对角线，就产生三角形，形成“米”字格的几何格局。古典骨格演变以线为基础，从方形骨格发展成三角形，产生了各种网状的骨格。

2. 有秩序的骨格

有秩序的骨格按照一定的数理方式有规律、有秩序地排列，如重复、向心、渐变、发射等构成方法。

3. 自由骨格

自由骨格即非规律性骨格。根据假定的设计意图，使单形得到巧妙安排，有内在的条理，如密集、对比、变异构成等。

骨格的运用，一种骨格在构成完成后可明显地观察到，骨格形式起了主导作用，称为明骨格。另一种骨格在画面中不明显，单形变化用作用明显，这种骨格称为暗骨格。在构成中，常常把同时使用几种骨格构成称为多骨格。使用多骨格必须考虑单形运用，骨格的规律也可用单形突破，使之变得巧妙，产生新的格局。

单元变棱形如图4—2—2所示。

骨格中的单元是每个形象的活动空间，因此，所有形象在骨格内都可按一定设计程序进行位置、方向的变动，图4—2—3所示为单元的方形45° 摆放。

a)

b) c)

图4—2—1 几何形的骨格

a）古典几何骨格 b）自由骨格之变异 c）有秩序的骨格（发射）

图4—2—2 单元变棱形

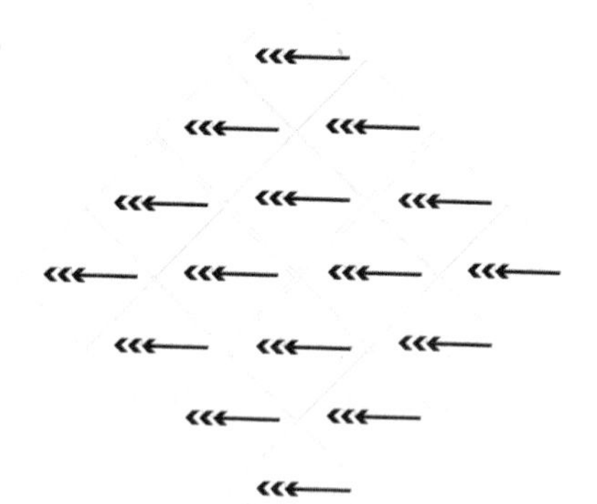

图4—2—3 单元的方形45° 摆放

二、单元构建

1. 单元与骨格的关系

单元是构成中的个体，它可以是点或线或面，或者三者的组合。点线、线面、点面结合或者点、线、面三者结合综合构成，组合成无数新的图形，使视觉语言更丰富，单元的大小、数量、位置、方向、肌理，色彩等诸因素的变化，可以使平面产生动感、空间感，令画面具有强烈的视觉效果，如图4—2—4a所示。

骨格使单元有序，形成整体，用练习书法打比喻，单元就像汉字，骨格就像田字格，初学时要工整地把汉字写满整版，这就像单元的重复。熟练以后写草书，可以不用田字格，但还是要胸有成竹。单元和骨格的关系有如汉字和田字格的关系，如图4—2—4b 所示。

任何事物的发展都体现了一定的秩序，这种秩序反映在视觉中，构成中的单元和骨格的互动，便产生了一种秩序美。图4—2—5所示为单元重复构成。中华民族很

a)

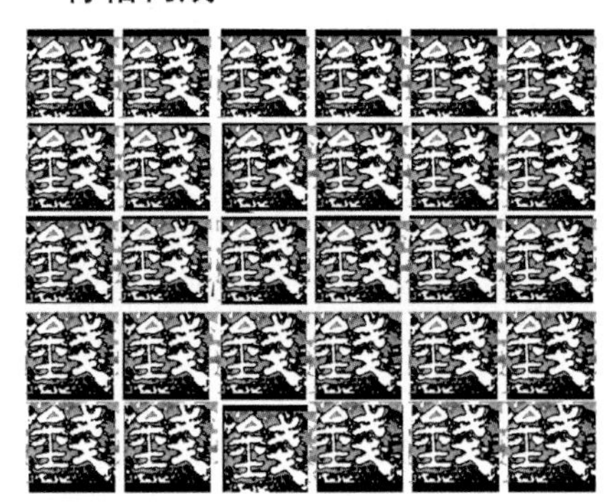

b)

图4—2—4　单元和骨格的关系
a）单元　b）骨格构成

a)

b)

图4—2—5　单元重复构成
a）单元　b）单元的重复

早就掌握了这种技法，商代青铜器的纹理就体现了精美的工艺，如图4—2—6所示。

a)

b)

图4—2—6　商代青铜器及其表面构成
a）青铜器外观　b）器皿表面的构成

2. 单元构件的方式

（1）重复。重复是形成秩序感最简便的方法，是形成节奏运动的基本条件。相同的形以一定的间隔重复出现，也可以重复应用肌理、方向、色彩等相同的单一要素，形成一种基本而简单的节奏形式。如果使形状、大小、间距、方向、色彩或肌理等诸要素反复变化，就形成复杂的节奏形式。图4—2—7a、图4—2—7b所示为重复连续且有规律的反复变化运动，形成不同的节奏形式，形成一种富有音乐节奏的韵律感。

重复的变化规律有很多，如单元45°摆放、单元有重叠、单元交错、单元方向变化、梅花间竹等，如图4—2—8至图4—2—12所示。

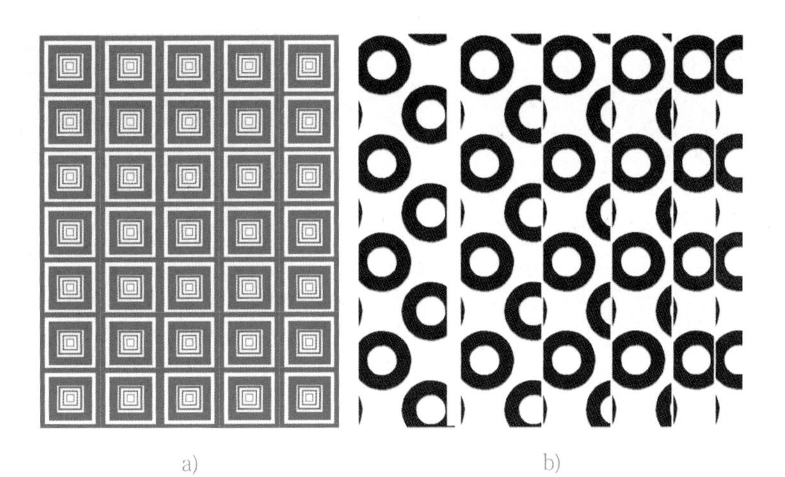

a)　　　　　　　　b)

图4—2—7　重复

a）单元重复　b)不完整的重复

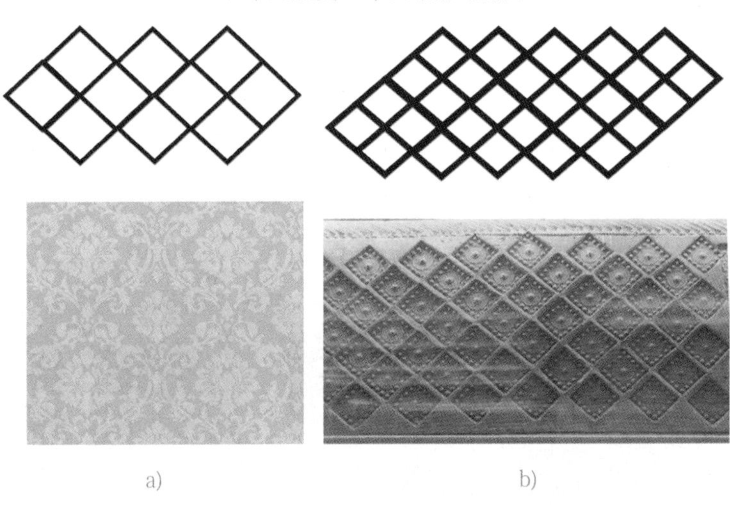

a)　　　　　　　　b)

图4—2—8　单元45° 摆放

a）单元45° 的例子　b）汉代陶土的表面构成

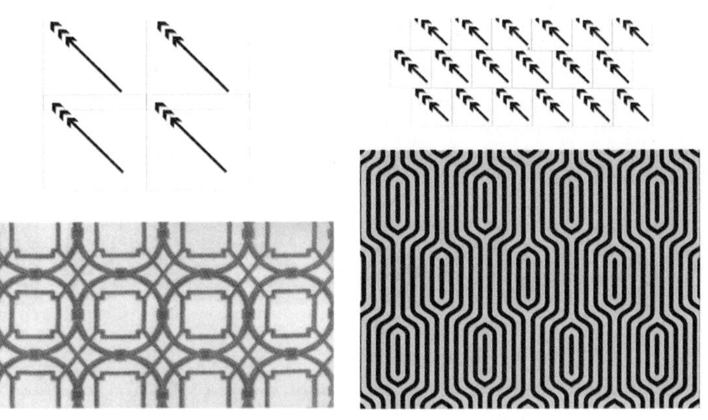

图4—2—9　单元有重叠　　图4—2—10　单元有交错

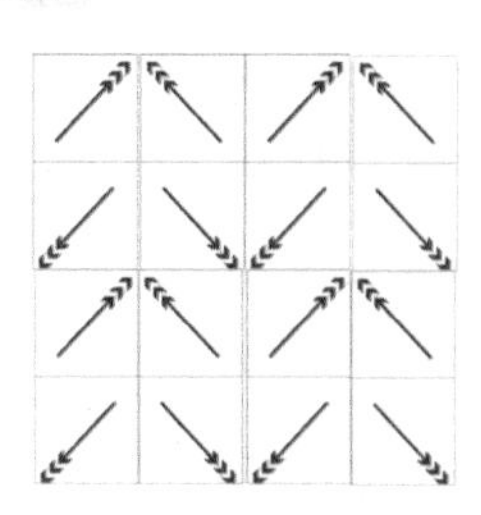

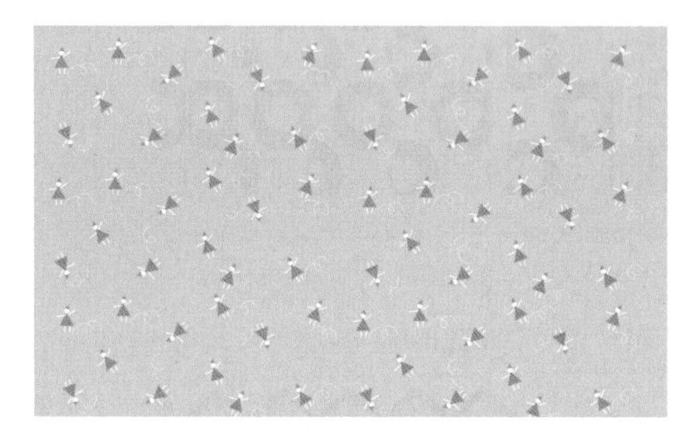

图4—2—11　单元方向变化

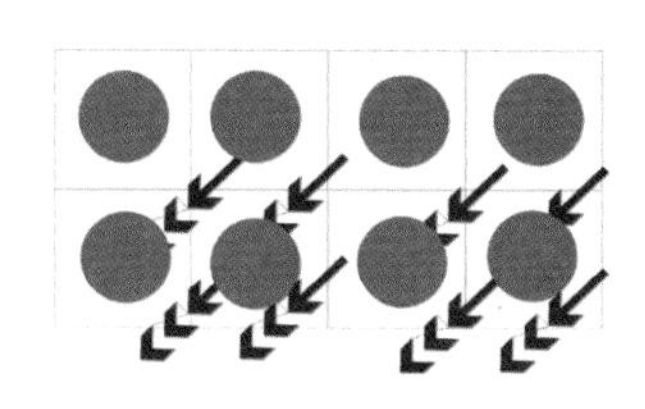

图4—2—12　梅花间竹

（2）渐变。一种是纹样层层地向外开展或向内收缩，逐渐变大或逐渐变小，由稀到密或由密到稀；另一种是同一单形或复形反复变化，距离不变形变或者形不变距离变，或者形与距离同时变，产生美的节奏感，如图4—2—13所示。由第一个图像渐变出其他五个变形，图4—2—14所示为单元渐变。

图4—2—13　形变

图4—2—14　单元渐变

（3）密集。是对比的一种特殊形式，它以数量多寡形成画面的疏密、聚散、虚实等空间关系。在密集构成中，要注意位置的变动、数量的变动、方向的变动，从骨格中体现它的规律性。图4—2—15至图4—2—17所示为每个图形通过不同方向的聚散，产生视觉效果。

图4—2—15　花艺密集

图4—2—16　波斯花艺

图4—2—17　密集

（4）扩散。在平静的湖面投下一颗小石头，会产生层层涟漪，扩散就好像这样的效果，在一定范围内，有规律地向外发散。涟漪如图4—2—18所示。扩散的

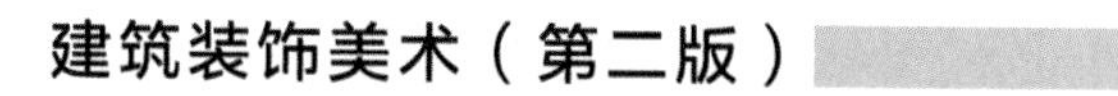

组织骨格与发射有相似之处，常常产生辐射效果。扩散如图4—2—19所示。

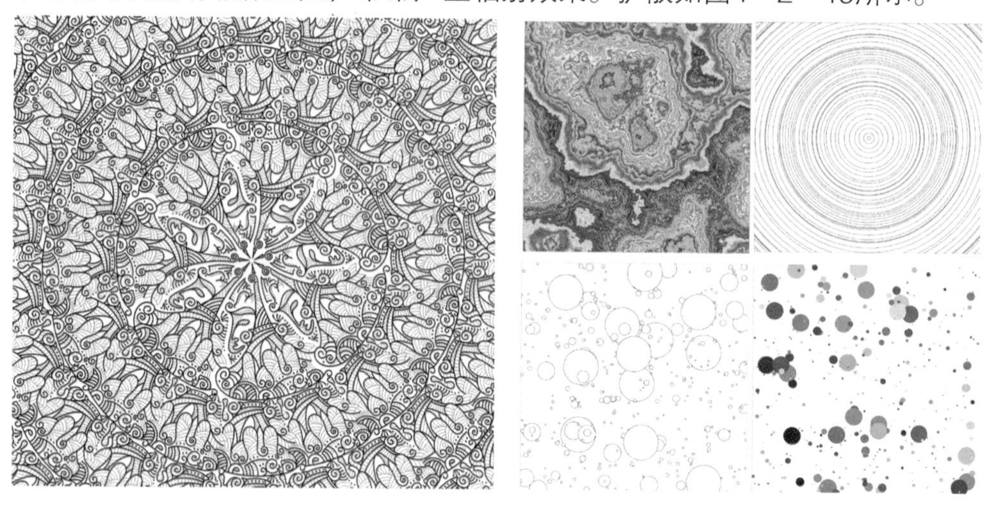

图4—2—18　涟漪

图4—2—19　扩散

（5）发射。发射有确定的中心，往外发射，图4—2—20a表示发射的构成，图4—2—20b表示发射骨格。发射构成作业要注意发射中心与各个单形直接或间接的联系。如果从一个中心发射点增加至2~3个中心点，放射线交错，变化就极其丰富。发射按骨格纹理不同可分为层次式发射、向心式发射、离心式发射等，如图4—2—21至图4—2—23所示。

a)

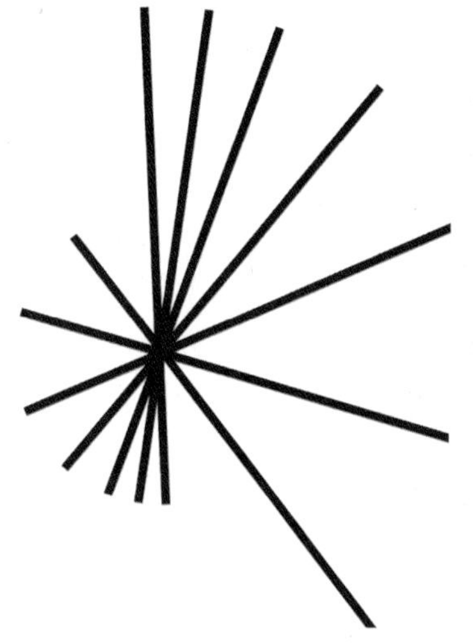

b)

图4—2—20　发射

a）发射的构成　b）发射骨格

图4—2—21　层次式发射

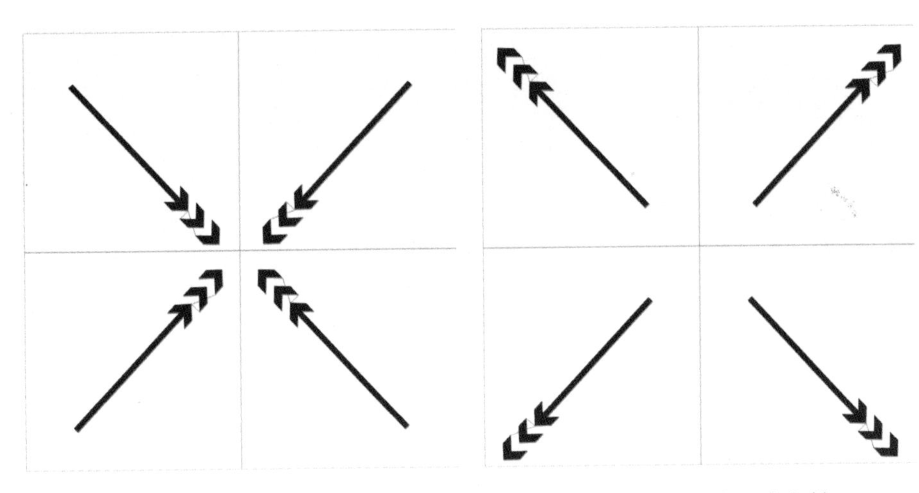

图4—2—22　向心式发射　　　　图4—2—23　离心式发射

（6）变异。变异是规律的突破，是整体效果的局部突变。这一突变点往往就是整个版面最引人关注的焦点。第一排中间的卷角变成红色，成为关注点，如图4—2—24所示。

（7）矛盾空间。在二维空间中制造三维错觉，现代艺术中二维和三维的界线越来越模糊，这种设计理念深刻影响构成艺术。为了表现错觉，人为制造矛盾结构和矛盾的空间，这些图形的立体结构关系可以在平面表现出来，但在三维空间是根本不可能存在的，是一种非现实、想象的心理空间。由于观察角度的改变，形态也随之改变，在三维空间需要改变角度才能观察到的东西却不可思议地出现矛盾空间，这种空间关系常常用来表达幽默的情趣或某种思想。

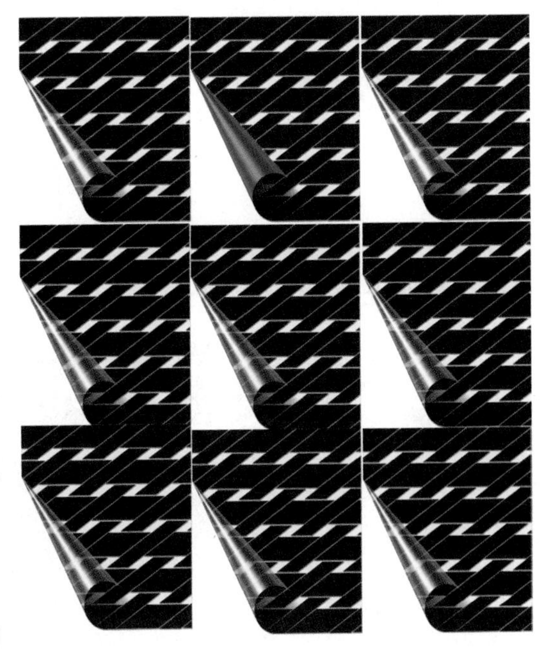

图4—2—24　变异

荷兰艺术大师埃舍尔运用熟悉的图案，例如，“无限大”中的蚂蚁（或者骑士）只能循环返回，但现实中却是不可能的，如图4—2—25所示。

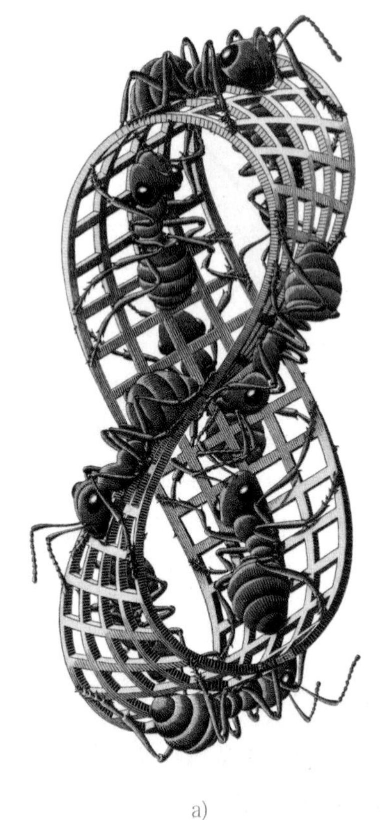

a)

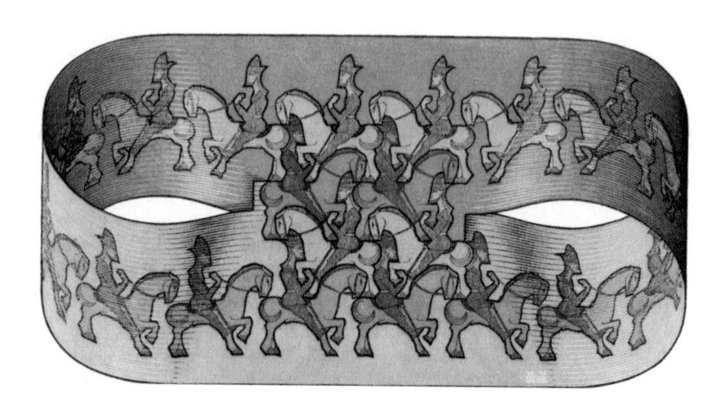

b)

图4—2—25　荷兰艺术大师埃舍尔的矛盾艺术

a）无限大中的蚂蚁　b）无限大中的骑士

在实际应用中，通常会多种纹样和构成手法综合使用。图4—2—26所示为荷兰著名版画家埃舍尔的作品，图4—2—26a展示了大雁和麦田通过重复渐变，地面和天空的界限被打破了。从麦田到大雁的变化过程，可以看到骨格在当中起来非常重要的作用。图4—2—26b展示了鱼和鸟互变中的构成骨格变化衔接得天衣无缝。

图4—2—27所示为日本艺术家草间弥生的构成作品，她擅长使用点，点已经变成了她制造视觉幻觉的魔术棒。

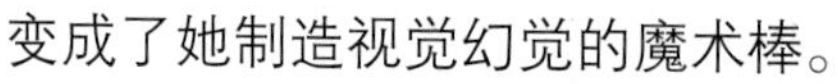

a)

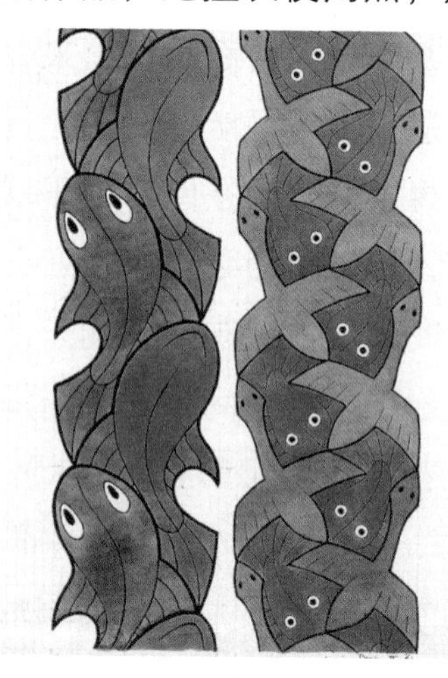

b)

图4—2—26　构成作品（埃舍尔 作）

a）麦田　b）鱼和鸟

图4—2—27　构成作品（草间弥生 作）

第三节　建筑装饰材料与肌理应用

物体表面的质地构造、表面特征被称为肌理。不同的材质和经过不同的人工处理均可以使物体表面形成不同的肌理，肌理可以带给人们视觉方面和触觉方面的感受，如光滑、粗糙、洁亮、毛茸茸等。可见，肌理是具有丰富表现力的造型要素。

每种材料都有特别的肌理，现代装饰除了传统的材料外，注重开发新的品种，其表面的肌理更是设计师关注的。新材料、新技术启发和开创了设计形象思维能力，能更好地适应建筑装饰行业的需求。

一、材料的应用

材料的形体、色彩、肌理产生不同的心理感受。昆虫的复眼通过重复密集的弧面网格，产生了神奇的光，令人产生厌恶和远离的心理，如图4—3—1a所示；新加坡音乐厅的造型模拟了仿生，在特定

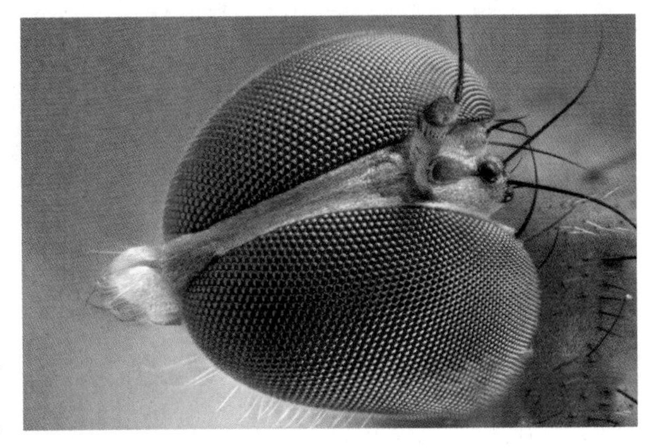

a)

b)

图4—3—1　建筑装饰与仿生
a）昆虫的复眼　b）新加坡音乐厅

的环境中产生了魅力，如图4—3—1b所示。

材料有自然的，也有人工制作的，但现代装饰中越来越多采用人工材料。

（1）自然材料。沙、石材、树叶、皮革、木材等。自然赐予它们特有的色彩和肌理，如图4—3—2所示。

（2）人工材料。砖、铸件、金属块、纤维板等。无论是人工材料还是自然材料，都要善于发现当中的构成规律，恰当应用才能取得视觉效果。葵的枝叶的发射是自然美的构成（见图4—3—3a），现代数控加工成的工件体现了蜂窝式的构成美（见图4—3—3b）。图4—3—4所示为新加坡海港中学建筑，材料使用从整体效果出发，用的材料普通，但却有构成的秩序，产生了清新向上的舒适感。

a)

b)

图4—3—2　自然材料
a）竹子　b）红土

a)　　b)

图4—3—3　材质构成对比

a）葵的枝叶　b）数控工件

a)　　b)

图4—3—4　新加坡海港中学建筑

a）教学楼的栏杆　b)校园

将材料精加工，产生新的构成效果。用腐蚀、挖洞、扭曲、焊接、编织等综合工艺产生不同的形状和高低不同的空间。新加坡花园的铁门如图4—3—5所示，铁门通过精湛的金属加工，产生了甜美的观感。中国宅门的木雕如图4—3—6所示，体现了中国木艺的精湛，装饰和实用浑然一体。

a)　　b)

图4—3—5　新加坡花园的铁门

a）铁门　b）铁门的局部

图4—3—6　中国宅门的木雕

二、制作肌理的方法

肌理包括视觉肌理和触觉两种：视觉肌理可以用眼去感知，如光滑的大理石表面的纹理、精美玉雕的光洁表面、蝴蝶翅膀的美丽花纹等；触觉肌理通过触摸感知，这类肌理有浮雕式的凹凸感，如亚麻布的经纬纹理、各类纸张表面的网格或者油画布面上的笔触肌理等。有多种多样的方法获得肌理的效果：

1. 涂画

用手直接描绘规则和不规则的肌理，干湿不同的笔触产生特殊的效果。

2. 拓印

不同的材质和油墨可以产生不同的拓印的效果。

3. 渍染

具有吸水性的表面和纸张可用渍染来产生肌理效果。

4. 擦刮

用利器擦刮纸张的表面可获得肌理，如果结合颜色加工视觉效果会更好。

5. 拼贴

用带有图像的印刷品、照片及纺织品进行剪割或撕裂，再根据一定的规律骨格去拼贴。

6. 其他方法

喷洒、粘贴、皱擢、敲打、穿孔、编织等也是改变材料肌理的有效办法。

吴冠中先生的作品江南采用西洋画材表现了中国的水墨效果，他用涂画、渍

染 、擦刮多种方法制作了视觉肌理，如图4—3—7所示。

图4—3—7　江南 （吴冠中 作）

三、肌理在建筑装饰中的应用

肌理指材质表面的纹理，包括光泽、色彩、光洁度等，看得见，摸得着，能带给人们不同的感受。建筑装饰材料表面的纹理效果，分为视觉肌理和触觉肌理。触觉肌理更强调触觉的感受。建筑装饰十分重视肌理的运用，各种装饰材料都具有不同的肌理，实际应用中要从以下两方面考虑：

1. 空间的使用功能

例如，播音室、影剧院等空间对声音效果有特殊要求，可以采用皮革、石纹墙漆等有特殊触觉肌理的材料进行装饰。图4—3—8所示为新加坡宜章机场大厅，通过对天花的板材角度的调校，使光线柔和明亮。

图4—3—8　新加坡宜章机场大厅

2. 文化功能

建筑品位决定装饰材料的肌理，装饰材料有木材、墙漆、铝合金、石材等。图4—3—9 所示为国家大剧院，通过巨大的玻璃幕墙，营造了宽广的空间，产生了向上的神圣感。

图4—3—9　国家大剧院

现代平面构成的视觉空间，包含空间和时间因素，现代构成的视觉魅力在时间效应方面获得了新的力量——通过视觉的幻变，达到了音乐的旋律感和节奏感。发射、扩散、密集、变异等手法都会产生一种变幻、运动的空间意象美，现代平面构成不只是追求平面效果，而且更进一步追求变幻的空间效果。由于肌理常常凸出于平面，倾斜的光线可增进肌理的视觉效果。因此，调整装饰材料的排列方式和光源的入射角度，就可获得多种不同的视觉效果。这也是近年来国际流行的光构成的一个应用领域。巴塞罗那的环境艺术如图4—3—10所示。

新的建筑材料和技术突破了传统的建筑形式和构造局限，构成的魅力展示了现代建筑空间的新视野。图4—3—11 所示为草间弥生的点构成应用。

图4—3—10　巴塞罗那的环境艺术

图4—3—11　草间弥生的点构成应用

习题

1.构成的基本元素是什么？

2.现代几何纹的基本形态有哪些？它们有什么特点？

3.骨格与几何纹的关系是怎样的？请用作品表达出来。

4.用构成的形式法则完成以下的作业。

序号	作业内容	要求
1	几何纹样的基本形态设计	规格：20 cm×20 cm
2	几何纹的聚变、位置变化和方向变化	规格：20 cm×20 cm
3	几何纹的组合	规格：20 cm×20 cm
4	对称形式的构成	规格：20 cm×20 cm
5	重复形式的构成	规格：20 cm×20 cm
6	近似形式的构成	规格：20 cm×20 cm
7	密集形式的构成	规格：20 cm×20 cm
8	扩散形式的构成	规格：20 cm×20 cm
9	发射形式的构成	规格：20 cm×20 cm
10	变异形式的构成	规格：20 cm×20 cm
11	矛盾形式的构成	规格：10 cm×10 cm
12	视觉形式的肌理制作（多种）	规格：10 cm×10 cm
13	触觉形式的肌理制作（多种）	规格：10 cm×10 cm
14	用带图像的印刷品拼贴成新的图形	规格：10 cm×10 cm
15	用印刷字体做有规律的拼贴构成	规格：10 cm×10 cm

第五章　立 体 构 成

学习目标

1.了解空间形态分类；

2.掌握线、面、体三者的组合变化规律；

3.了解立体构成常用的材料和工具，掌握线、面、体的制作技能。

立体构成也称为空间构成。立体构成是用一定的材料、以视觉为基础、以力学为依据，将造型要素按照一定的构成原则组合成美好形体的构成方法。它是以点、线、面、对称、肌理等研究空间立体形态的学科，也是研究立体造型各元素的构成法则。其任务是，揭开立体造型的基本规律，阐明立体设计的基本原理。

对于立体构成而言，涉及建筑设计、室内设计、工业造型、雕塑、广告等设计行业。除在平面上塑造形象与空间感的图案及绘画艺术外，其他各类造型艺术都应划归立体艺术与立体造型设计的范畴。它们的特点是以实体占有空间、限定空间，并与空间一同构成新的环境、新的视觉产物。

任何一个立体造型都是由三要素构成的。一是形态要素，二是机能要素，三是审美要素。形态要素是指构成形态的必要元素，是存在于环境中的任何有形态的现象：形（由点、线、面、体构成）、色、肌理以及空间等。机能要素是指蕴含于形态中的组织机构所应有的功能。审美要素则要求综合各要素，以达到完美的造型。

第一节　立体空间形态

形是构成形态的必要元素，它不仅指物体外形、相貌，而且包括物体的结构形式。宇宙万物虽然千变万化，但其外形都可以解构成线、面、体等基本要素。

一、线

立体构成中的线是有决定长度特征的材料实体，通常这种材料被称为线材，用

线材构成的立体形态成为线立体。线材因材料强度的不同可分为硬质线材和软质线材。在生活中，常见的硬质线材有条状的木材、金属、塑料、玻璃等；软质线材有毛、棉、丝、麻以及化纤等软线和较软的金属丝。图5—1—1至图5—1—5所示为材料的生活应用和构成训练所使用的材料。

a)

b)

图5—1—1　线立体构成运用

图5—1—2　易拉罐材料

图5—1—3　木筷子材料

图5—1—4　子弹壳金属材料

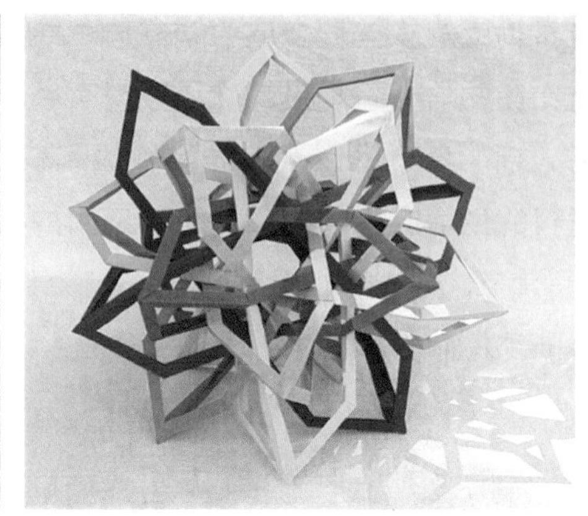

图5—1—5　纸材料

线在造型学上有直观的线和非直观的线，存在于线状物、单一面的边缘等。非直观的线存在于两面的交接处、立体形的转折处、两种颜色的交界处等。线沿着一定轨迹运动则形成面。

线在造型学上的特点是表达长度和轮廓。在立体构成上，虽然没有几何学意义上的线，但只要它的粗细限定在必要的范围之内，与周围其他视觉要素相比，能充分显示连续性质，并能表达长度和轮廓特性的，都可以称为线。根据其存在的状况，可分为积极的线和消极的线两种。积极的线是指独立存在的线，如绘画中的线条，三维形态中各种线类材料如钢丝、绳索等实际存在的线条。消极的线是指平面边缘或立体棱边的非独立存在的线条。

线因为其粗、细、直、光滑、粗糙的不同，会给人们带来不同的心理感受。粗线给人们刚强有力的感觉，而细线给人们纤小、柔弱的感觉；直线给人们正直、刚强的感觉，而曲线给人们圆滑、柔和的感觉；光滑的线条给人们细腻、温柔的感觉，而粗糙的线条给人们粗犷、古朴的感觉。因此，不同线的选择对立体形态的整体效果的表达是不同的。

线的构成方法很多，或连接或不连接，或重叠或交叉，依据线的特性，在粗细、曲直、角度、方向、间隔、距离等排列组合上会变化出无穷的效果。

二、面

一扇门、纸箱的六个面、地面、桌面、叶片都给人以面的实际感受。面在造型学上的特点是表达一种“形”，是由长度和宽度两个维度所共同构成的二维空间

（它的厚度较弱）。

与颜色中有三原色一样，面有三种基本的形：正方形、三角形和圆形。正方形的特点是表达垂直和水平；三角形的特点是表达角度和交叉；圆形的特点是表达曲线和循环。由此派生出来的长方形、多边形、椭圆形等都离不开三种基本特点。面的种类很多，但面的外轮廓线最终决定了面的外貌，如图5—1—6 所示。

面在造型学上分为积极的面结合消极的面两种。积极的面是由线的密集移动、点的扩大、线的宽度增加或体的分割界面所形成的面，也就是实际存在的面；消极的面是由点的集合、线的集合、线的交叉围绕或体的交叉所形成的虚有的面。

在立体构成上，只要其在厚度、高度和周围环境比较之下，显示不出强烈的实体感觉时，它就属于面的范畴。

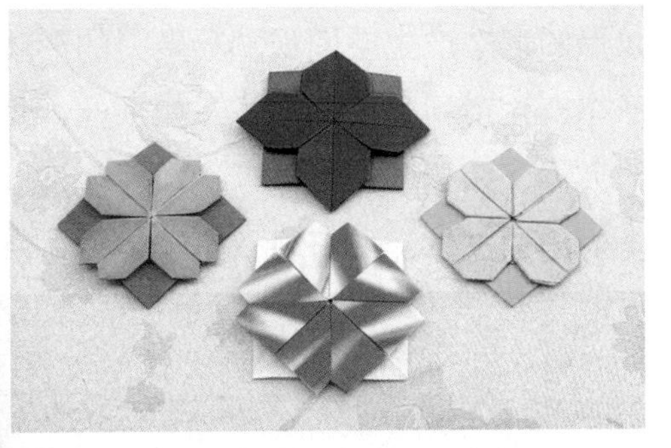

b)

a)

c)

图5—1—6　面的构成

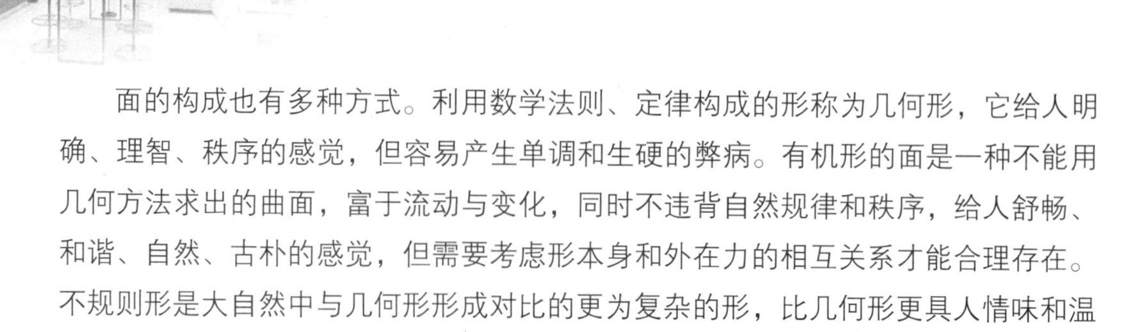

面的构成也有多种方式。利用数学法则、定律构成的形称为几何形，它给人明确、理智、秩序的感觉，但容易产生单调和生硬的弊病。有机形的面是一种不能用几何方法求出的曲面，富于流动与变化，同时不违背自然规律和秩序，给人舒畅、和谐、自然、古朴的感觉，但需要考虑形本身和外在力的相互关系才能合理存在。不规则形是大自然中与几何形形成对比的更为复杂的形，比几何形更具人情味和温暖感，更自然、更具个性。

三、体

任何形态都是一个“体”。体在造型学上有三个基本形：球体、立方体和圆锥体。而根据构成的形态区分，又可分为半立体、点立体、线立体、面立体和块立体等几个主要类型。半立体是以平面为基础，将其部分空间立体化，如浮雕；点立体是以点的形态产生空间视觉凝聚力的形体，如灯泡、气球、珠子等；线立体是以线的形态产生空间长度的形体，如铁丝、竹签等；面立体是以平面形态在空间构成产生的形体，如镜子、书本等；块立体是以三维度的有重量、体积的形态在空间构成完全封闭的立体，如石块、建筑物等。块立体构成如图5—1—7所示。

a)

b)

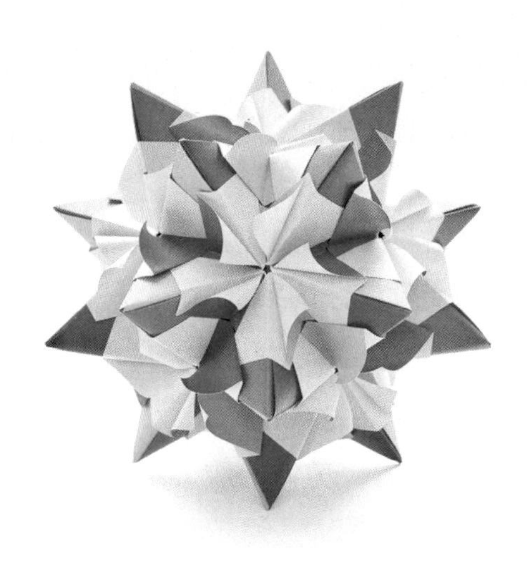

c)

d)

图5—1—7　块立体构成

第二节　立体构成制作

在立体构成的实际操作中，首先必须把视觉形态落实为某种材料，这是造型的物质基础。材料的分类大致有几种，如按材质可分为木材、石材、金属、塑料、纸等；按自然材料和人工材料可分为泥土、石块等自然材料与毛线、玻璃等人工材料；按物理性能可分为塑性材料（水泥）、弹性材料（钢丝）等。

学习立体构成的关键在于创造新的形态。提高造型能力，同时掌握形态的分解、对形态进行科学的解剖，以便重新组合。立体构成的原理和思维方法为我们提供广泛的构思方案。立体构成也是以自然生活为源泉，它可分解为点(块)、线(条)、面(板)，作为形态要求的形体，可在自然形态中找到根据。立体构成的学习作为基本素质和技能训练，在艺术设计教学中必不可少，它的训练过程讲究眼睛（观察）、头脑（理解、构思）和手（表现）协调并用，根据不同的视觉形态元素、成型材料、构造方式和造型法则，展开对立体构成的学习与探讨，对培养学生敏锐的观察力和丰富的想象力，以及在创作过程中了解立体空间的形态美和创造美的规律有着重要作用。

学习立体构成的基本要求和目的如下：

（1）扎实学好基础课，向专业设计课过渡。

（2）摆脱习惯性的各种造型(具象干扰)的影响，站在全新的、自由的角度去探讨，培养对事物的感受、直观能力。

（3）掌握立体构成思维方法，提供构思思路和方案。在对材料、结构、制作的认知上接受严格的训练，遵循基本法则，完成每项设计作品。

一、案例1：质朴的树枝灯罩（线立体）

运用最质朴的树枝制作一个线构成的灯罩，如图5—2—1所示。

步骤1：所需材料。干树枝、枝或小枝、美工刀、剪刀、胶、纸板、照明系统。

步骤2：准备的树枝（见图5—2—2）。收集尽可能多的树枝。

如果树枝都是一样的尺寸或大小相同的最好。否则，需要把所有树枝砍成一样：标记长度，用美工刀削减一半的树枝。

步骤3：树枝框架（见图5—2—3）。现在已经准备好所有树枝开始做的框架。每一个框需要使用4根树枝，在树枝相交处涂胶后，把枝条放在胶上粘好。

框的数量取决于所需的灯罩长度。做一个20 cm高的灯罩那就要有10个框架才能到达这个高度。

图5—2—1 树枝灯罩效果图　　图5—2—2 准备的树枝

图5—2—3 树枝框架

步骤4：加入框架（见图5—2—4）。待胶完全干燥和框足够结实，取另一架放在第一个框架下并旋转90°。检查它是否适合继续转动，在两框的相交处加入胶。下面框的同样方法叠起来。

步骤5：框架渐小（见图5—2—5）。按需要做更多的框，但这个时间框架应小于主框架，上面的每一框应小于前一个框。封顶，然后放在阴凉处，直至胶水干。

图5—2—4 把做好的框架叠加

图5—2—5 完成灯罩

步骤6：照明系统（见图5—2—6、图5—2—7）。准备好纸板、插头、电线、灯具、灯头与灯泡。测试连接线与插头、灯头是否有效。

用纸板做的灯座，将需要6块硬纸板。灯座要大于树枝架。在两块大的方形硬纸板中间制作一个方形孔，放进灯具。把6块硬纸板用胶水粘成一个盒子，把照明系统安装好，放在灯座上，再把灯罩放上去。树枝灯罩就完成了。

图5—2—6 照明系统

图5—2—7 完成效果图

二、案例2：四面体的分形模型（面立体）

图5—2—8所示为四面体的分形模型。

步骤1：材料和工具（见图5—2—9）。竹串、白色的胶水、棉花钩针线（或其他细线）、丙烯酸漆（可选）、剪刀、刀子、钳、木材、油漆刷、容器的水、尺、线、轴锯、箱锯（或其他切割设备）、胶纸、铅笔、大眼针。安全警示：在这个案例中注意尖锐、易碎、粗糙的东西。注意保护手、眼睛和身体。

图5—2—8　四面体的分形模型

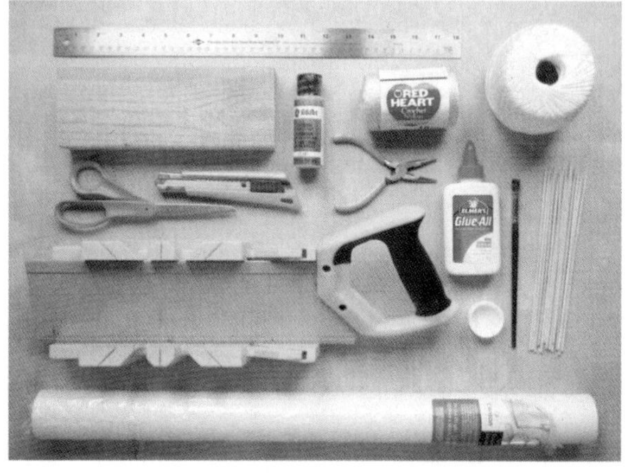

图5—2—9　材料和工具

步骤2：把竹串剖开一分为二（见图5—2—10）。用钳子夹住竹串剖开。竹串分裂的原因是一面扁平才可以粘贴。竹串需要的数目取决于四面体分形模型的大小和竹串长度。

a)

b)

图5—2—10　钳子夹住竹串剖开

步骤3：把竹串切断（见图5—2—11）。把所有需要的竹串一分为二后，用胶带把竹串紧紧包裹。标记好长度，然后放在锯机里切断。如果没有锯机，可以用刀切，所需时间就长点。

a) b)

c) d)

图5—2—11 用锯机切断竹串

步骤4：剪出模板（见图5—2—12）。用铅笔在胶纸上画出模板，剪出、切出模板形状。

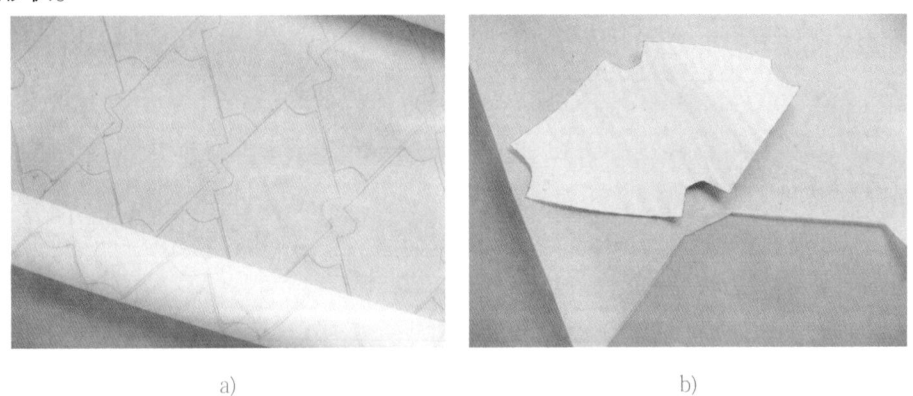

a) b)

图5—2—12 剪出模板

步骤5：把竹子粘贴在胶纸上（见图5—2—13）。铺好剪好的胶纸模板。把5根竹子放在胶纸上，排好位置，用胶水粘贴。

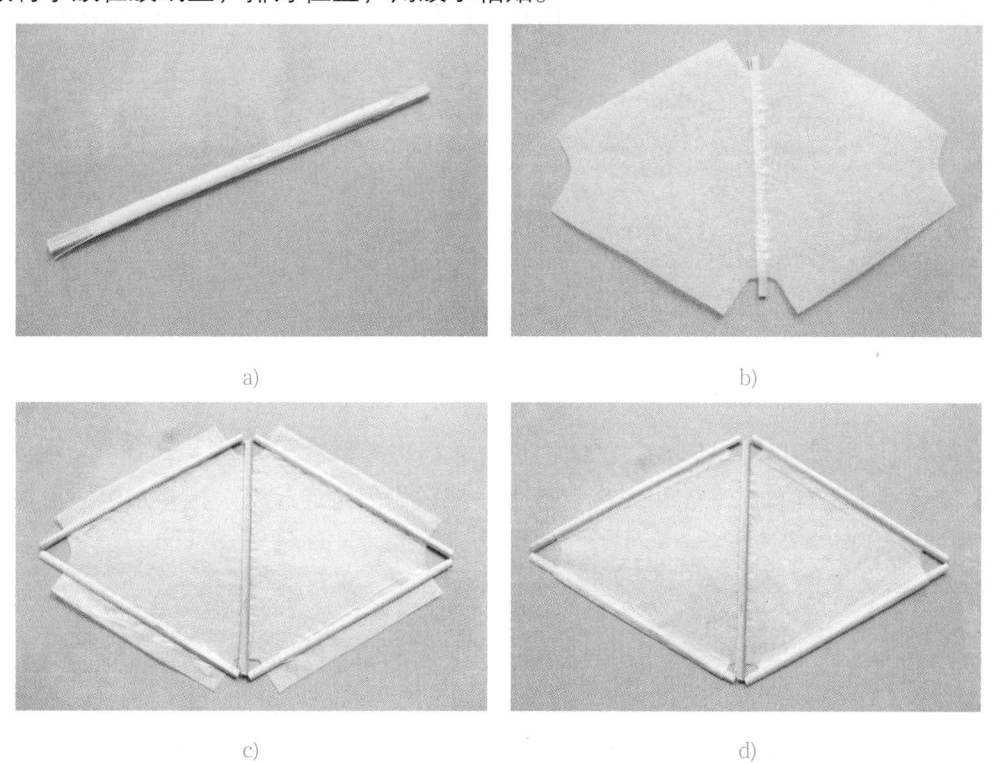

a)　　b)

c)　　d)

图5—2—13　粘贴

步骤6：用线固定（见图5—2—14）。用线把每个角的竹子固定绑成一体，做成立体模型。

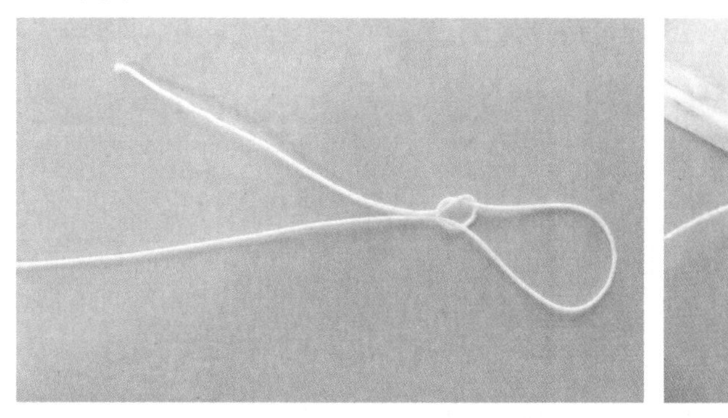

a)

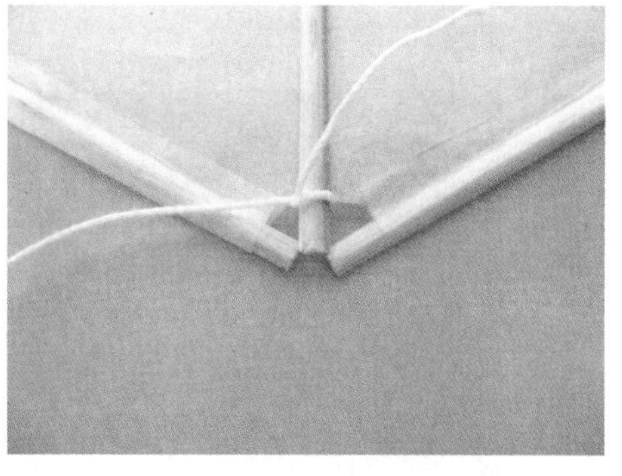

b)

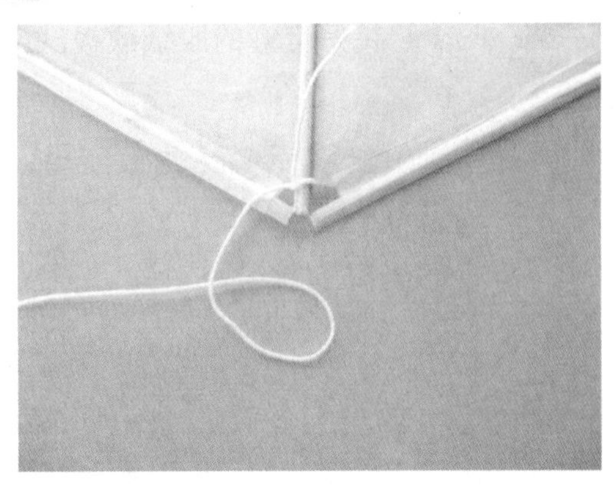

c)

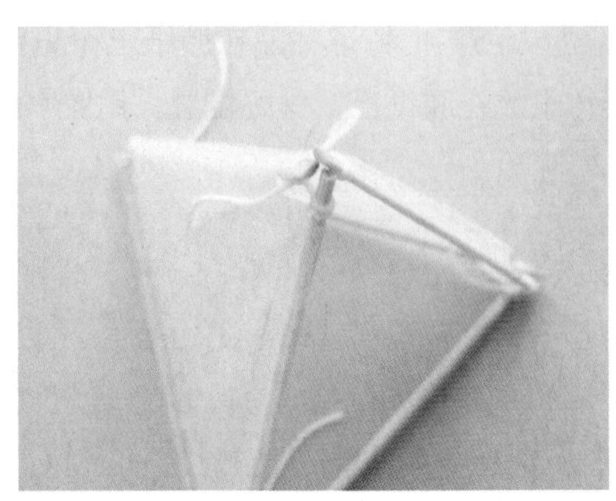

d)

图5—2—14　用线固定

步骤7：刷色、固定（见图5—2—15）。用丙烯酸漆给胶纸上色后，把做好的模型按金字塔那样叠起来，用大头针穿上线把它们固定连起来。把多余的线剪掉。

a)

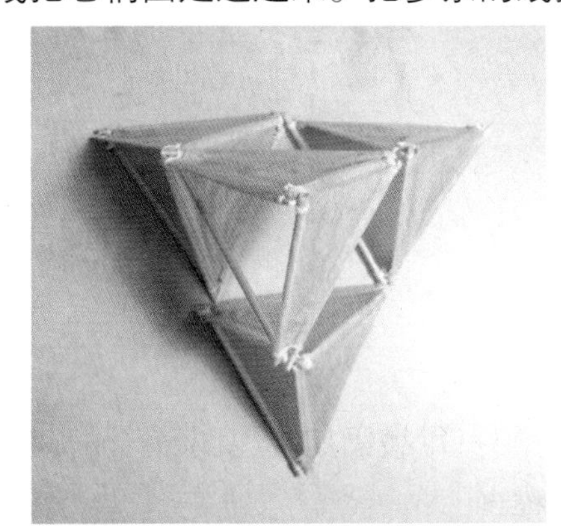

b)

c)

d)

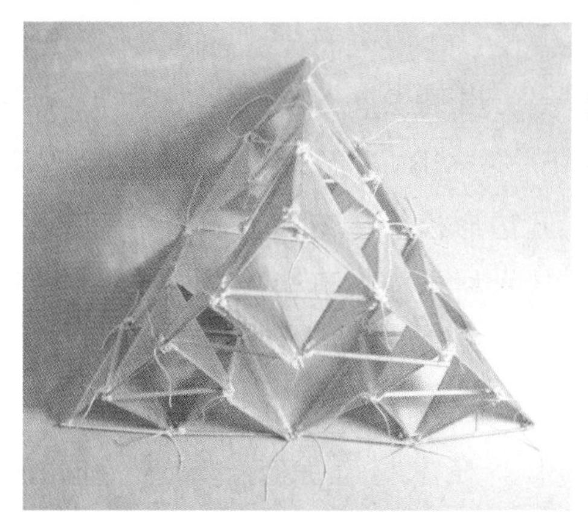

e)

f)

图5—2—15　刷色、固定

三、案例3：十二面立体装饰模型（块立体）

如图5—2—16所示，这个十二面体可以用于制造一种烛台。将小蜡烛（最好是LED蜡烛）放在里面来反射出温暖的光芒。这个项目可以是一个适当的灯罩，可以使用它们作为容器等。这些烛台不需要电力工具制作。

a)

b)

图5—2—16　烛台效果图

a）组合图　b）个体

安全警示：谨慎使用锋利的工具。采取预防措施保护手和眼睛。

步骤1：材料和工具（见图5—2—17）。薄木材单板（厚的不透光）、厚的印刷纸或桑皮纸、胶水、剪刀、美工刀、切割垫、胶水刷、铅笔、蜡纸、丙烯酸清漆

（可选）。

图5—2—17　材料和工具

步骤2：切割片、粘贴（见图5—2—18、图5—2—19）。用纸打印正五边形模板（或自己画），剪出形状。从木材单板切五边形10件，边缘越匀越好。纸切成5块。

把两个木头五边形粘在每一张纸上。在木材上涂抹一层酱，仔细地贴上。与另一块木头做的一样。

a)

b)

图5—2—18　切割五边形模板

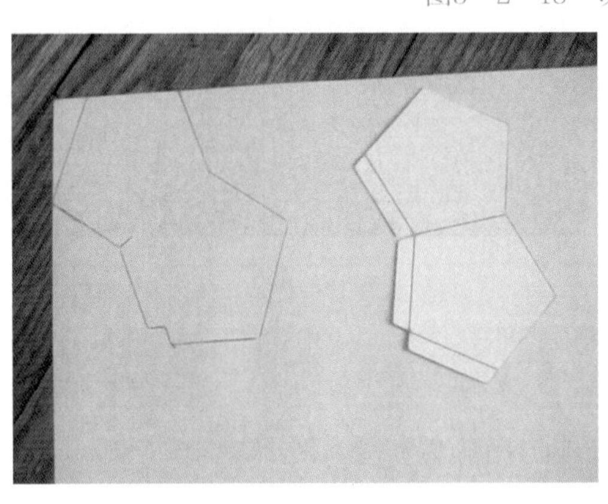

a)

b)

图5—2—19　粘贴五边形模板

步骤3：三维粘（见图5—2—20）。把全部粘好的木头放在铺好的蜡纸上，防止东西粘在一起。

a)

b)

图5—2—20　三维粘

把所有预留边用胶水按对应的边粘起来，如图5—2—21所示。

a)

b)

图5—2—21　粘贴

步骤4：整理（见图5—2—22）。完成后可以漆整个模型或内部。可以在里面涂一层耐火的丙烯酸清漆。

防止蜡烛罩燃烧的最好方法是用LED资源。如果喜欢真实火焰，蜡烛不要放在易燃物附近。

a)

b)

图5—2—22　完成作品

四、案例4：四色柏拉图式的固体（块立体）

运用彩色塑料箔，制作一个多面四色柏拉图式的固体，经过加工，就可以成为一件室内装饰品，如图5—2—23所示。

a)

b)

图5—2—23　四色柏拉图式的固体效果图

步骤1：材料和工具（见图5—2—24）。纸板、三角形、铅笔、剪刀、美工刀、切割垫、木胶胶液（纸张、铝箔通用工艺胶）、薄的塑料箔（黄色、品红、青色）。

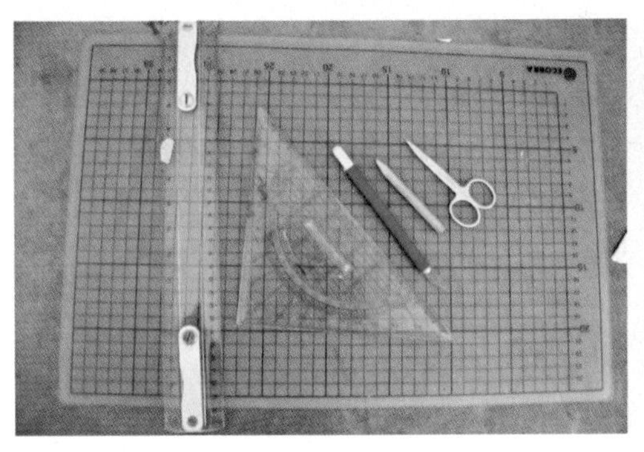

a)

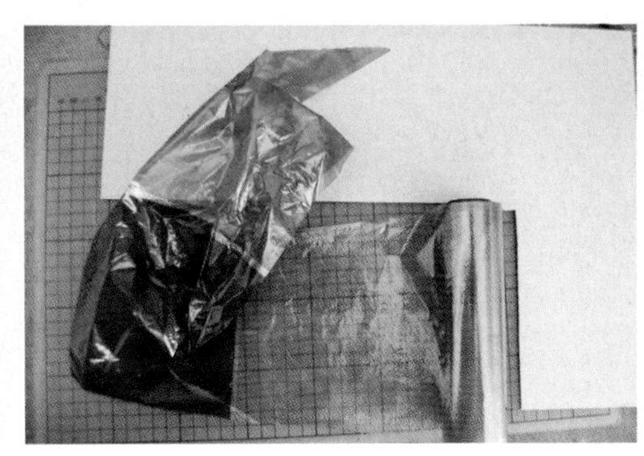

b)

c)

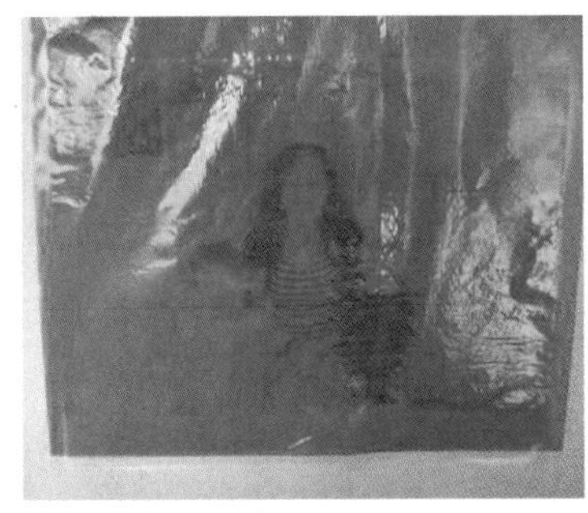

d)

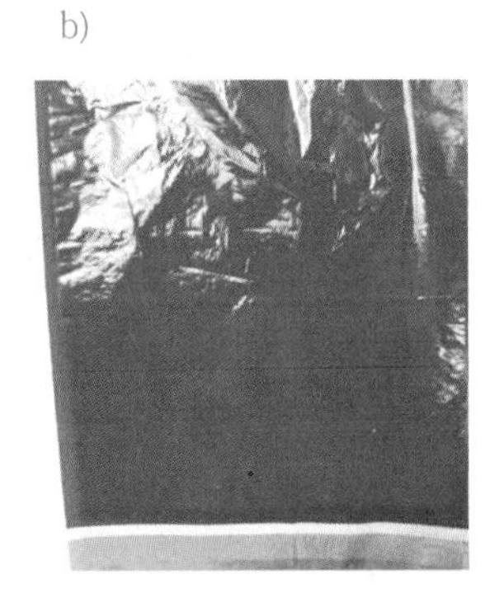

e)

图5—2—24　材料和工具

步骤2：硬纸板模板（见图5—2—25）。制作一个二十面体，将需要20个等边三角形。做一个纸板模板。选择一个16 cm的边缘长度（大小可自定）。在纸板上画等边三角形（所有的角度是60º），在等边三角形里再画一个小三角形。切出大三角形和挖去内三角形。

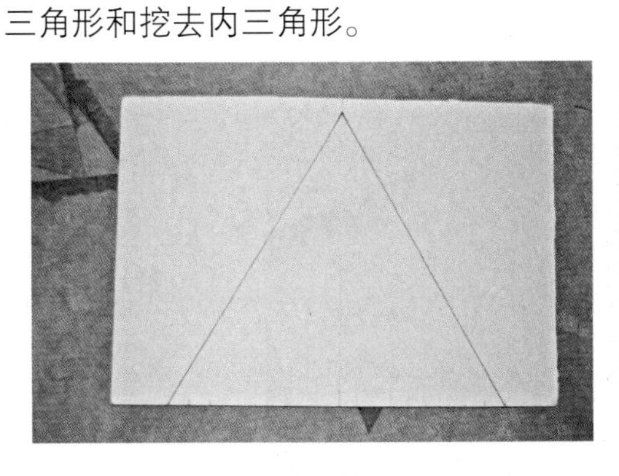

a)

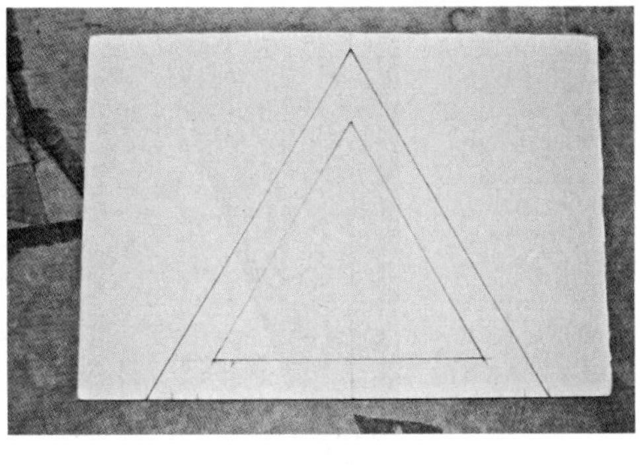

b)

c)

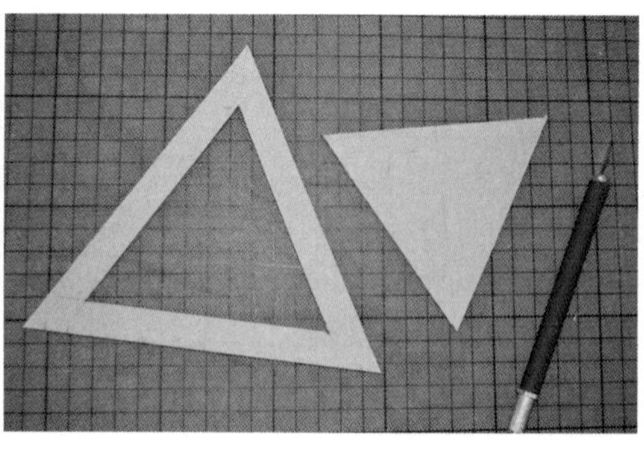

d)

图5—2—25　制作模板

步骤3：绘制、切割（见图5—2—26、图5—2—27）。在纸上绘制正二十面体的网（或其他形状），网上找个参照模板。切割模板图形。把所有三角形切割出来（包括胶片）。不应把三角形单个分开。

a)

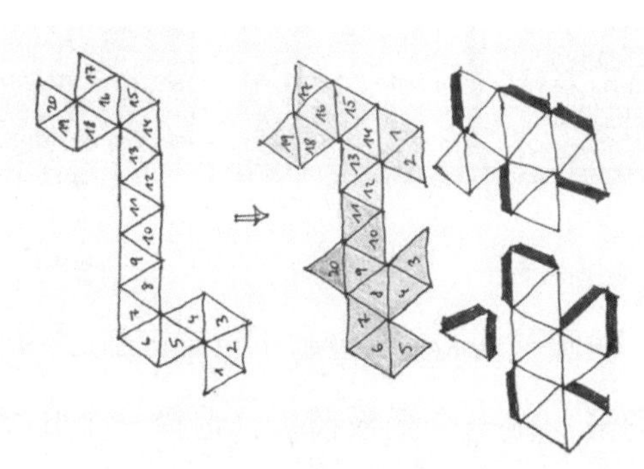

b)

图5—2—26　绘制正二十面体

a)

b)

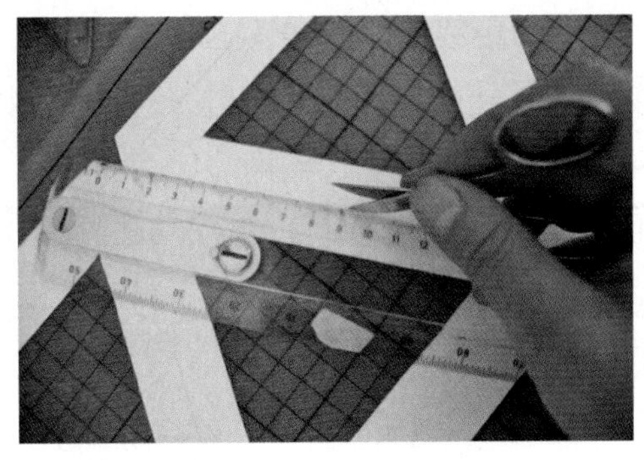

c)

图5—2—27　切割

步骤4：贴纸、折叠（见图5—2—28、图5—2—29）。用小尖剪刀（和尺）在三角形折叠线上轻轻割一下，不要割破。这样折叠时不会起皱褶。将三角形的彩色塑料箔（比三角形模板稍小）粘在三角形纸板上。相邻三角形没有相同的颜色，因为这会看起来更好。

a)

b)

c)

d)

图5—2—28　贴纸、折叠

使用白色线或尼龙线（这样会几乎看不见的），用针在坚实的一角穿一条线，打个结。挂起来，当光线穿过，可以看到紫青色、品红色、洋红和黄色、橙色、青色和黄色，使模型更加绚丽。

a)

b)

图5—2—29　完成作品

第三节　现代建筑构成艺术应用

建筑设计是对空间进行研究和运用的艺术形式，空间是建筑设计的本质，在空间限定、分割、组合的过程中同时注入文化、环境、技术、材料、功能等因素，从而产生不同的建筑设计风格和设计形式。

空间以及空间的组织结构形式是建筑设计的主要内容。建筑设计是在自然环境的心理空间中，利用建筑材料限定空间构成一个最小的物理空间。这种物理空间被称为空间原型，并多以几何形体呈现。由某种或几种几何形体之间通过重复并列、叠加、相交、切割、贯穿等方法，相互组织在一起，共同塑造了建筑的形态。

立体构成的学习和训练就是为了培养同学的创造性思维，掌握立体造型的规律和方法。常常有许多好的立体构成造型，只要融入实用功能就会成为一件工业（建筑）产品的设计造型。

从古至今，人类都是按照一定的简单的历史形态组织和建造房屋，随着时代的变迁，材料技术在不断更新，人类的生活方式在不断改变，建筑风格也在不断更新，形成了许多不同的风格流派。

一、实例1：空间围合构成的运用

如图5—3—1所示，北京2008年奥运会主体育馆国家体育场“鸟巢”的设计方案，是采用了线式构成的方法。国家体育场坐落在奥林匹克公园中央，场馆设计如同一个巨大的容器，高低起伏变化的外观缓和了建筑的体量感，并赋予戏剧性和具有震撼力的形体。国家体育场的形象完美，外观即为建筑的结构，立面与结构达到了完美的统一，结构的组件相互支撑，形成了网络状的构架，它就像树枝编织的鸟巢。体育场的空间效果既具有前所未有的独创性，又简洁典雅，它为2008年奥运会树立了一座独特的、历史性的标志性建筑。

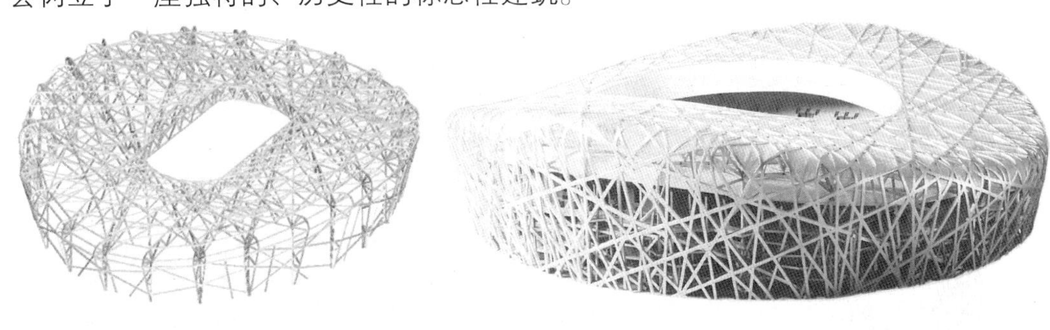

a)　　　　b)

c)

图5—3—1　北京奥运会体育场

二、实例2：变异组合的运用

纽约古根海姆美术馆由一群外覆钛合金板的不规则双曲面体量组合而成，建筑中的立体构成发生了形变，如图5—3—2a所示。

古根海姆美术馆充分利用钢筋混凝土结构的可塑性，把交通路线和参观者路线融合为一，顺理成章地构成内外如一的螺旋形状给静止的建筑带来非凡的动态。对美术馆参观路线的特殊处理，形成具有独特韵律的原创形象，使人们不由自主地抱以关注的目光，获得新鲜的心理快感，享受高层次的美，如图5—3—2b所示。

古根海姆美术馆从建筑形态的扭曲变化中，充满了强烈的旋律感，让人产生无限的想象，仿佛置身于空间中去感受，如图5—3—2c 所示。不规则的立体把古根海姆美术馆归纳成整体来表现，造成了空间的“颤动”，也给欣赏者的眼睛和心灵带来了极大冲击，使欣赏者体会这座建筑的无限空间。变异之美赋予了建筑空间中一种意识延伸。

a)

b)

c)

图5—3—2　纽约古根海姆美术馆

a）美术馆外观　b）美术馆内部　c）美术馆内的赖特餐厅

立体构成原理在建筑中的运用还很广泛，立体构成无时无刻不存在于人们的生活当中，这就需要积极探索立体构成原理，不断追寻它的潜质，从而提高人们对立体构成渗透到建筑灵魂的认识。

习题

1.从建筑、室内、景观、雕塑等作品中找出点、线、面、体四种形态作品，分析其语义。

2.找出不同肌理材质在造型艺术表现中的应用（至少5种），分析其视觉和心理的作用。

3.根据形式美法则，做线立体构成1件，要求材质不限（硬线材、软线材），作品形式美观结构稳定。尺度在400 mm × 400 mm × 400 mm以内（纸质作业要求有不同角度照片5张A3排版）。

4.用卡纸制作仿生半立体构成一张。要求同1,独创性，构图提炼概括。

5.柏拉图、阿基米德多面体任选其一做形体变异构成（尺寸自定）。要求：设计要有创新性，构图均为自创设计，制作工艺精细、表现准确、结构稳定。